다육식물 715 사전

키우고, 관리하며, 번식시키는 방법과 모아심기

다나베 쇼이치 감수 | 박유미 옮김

Green Home

시 작 하 면 서

최근 다육식물을 재배하거나 관상용으로 즐기는 사람이 부쩍 늘었습니다.

요즘 가게에 있다 보면 「다육식물을 처음 키워보려고 하는데요」, 「다육식물은 어떻게 관리해야 하나요?」라며 도움을 요청하는 분들이 많아져서, 어릴 적부터 다육식물이나 선인장에 관심이 많았던 저로서는 정말 즐겁습니다.

하지만 생각만큼 쉽지 않다며 다육식물 재배를 그만두는 사람도 많다고 합니다. 재배하는 일이 생각만큼 순조롭지 않은 것은, 다른 일반 원예식물처럼 관리했거나 실내에서 재배했거나 대체로 그런 이유 때문이라고 생각합니다.

다육식물은 잎, 줄기, 뿌리에 수분과 영양분을 불룩하게 저장한 모습이나 성장과정이 매력적입니다. 자생하는 지역은 토양에 영양분이 적고, 극도로 건조한 지대여서 아침과 저녁 기온차가 큰 환경이 대부분입니다. 고온다습한 여름, 장마, 추운 겨울 등 사계절이 있는 지역에서 다육식물을 재배할 경우, 일반적인 원예식물을 키우는 방법과 달라진다는 점을 염두에 두어야 합니다.

하지만 그리 어려운 일도 아닙니다. 사람도 햇살이 뜨거운 건조지역에 살다가 일본에서 생활하게 된다면, 여름철 고온다습한 날씨와 겨울철 추위로 견디기 힘들 것입니다. 식물도 마찬가지입니다. 당신이 키우는 다육식물에 어떻게 하면 쾌적한 환경을 마련해 줄 수 있을지 생각하고 가꾸어야 합니다.

이 책은 물주기, 고온이나 저온일 때의 대책, 생육형 유형별 캘린더, 일상적인 관리작업, 모아심기 요령 등 다육식물 재배와 관련한 기본 규칙을 알기 쉽게 정리했습니다. 사진 부분은 키우기 쉬운 품종부터 난이도가 높은 품종까지, 인기 있는 품종을 골고루 선별해서 소개했습니다.

누구라도 처음에는 실패할 수 있습니다. 하지만 실패를 계기로 많은 것을 배우므로, 실패도 좋은 경험이 됩니다. 예를 들어, 물을 너무 많이 주면 뿌리가 썩어서 시들어 버립니다. 여름형 품종이라는 사실도 모르고 겨울에 실외에 내놓은 채 두면, 추위로 시들어 버릴 수 있습니다. 하지만 오랫동안 익숙하게 다육식물을 가까이했다면 실패에서 중요한 힌트를 발견할 수 있습니다. 실패했다면 왜 실패했는지 원인을 분석해서, 다시 재배할 때 그 경험을 활용합니다. 이 과정을 반복하면 다육식물 재배에 능숙해질 것입니다.

제 가게를 찾아 주시는 분들에게 알려 드리고 싶은 내용을 이 책 한 권에 담았습니다. 독자 여러분이 다육식물과 함께하는 생활이 즐거워질 수 있도록, 이 책이 도움이 되기 바랍니다.

다나베 쇼이치(다나베 플라워)

Part 1 모아심기 즐기기

008 건조한 환경에 강한 식물과 모아심기
012 다육식물만 가득 심기
014 모아심기 순서와 포인트

Part 2 재배 기초지식

018 모종 선택과 재배 포인트
020 두는 장소의 기본
021 햇빛, 습도, 온도 대책
023 물주기의 기본
024 흙과 비료
025 재배에 편리한 도구
026 생육형 유형별 관리작업 캘린더

028 꺾꽂이, 잎꽂이, 옮겨심기, 포기나누기
case1 새끼 모종이 나왔을 때 · 029
case2 줄기와 가지가 자라서 촘촘하고 무성해졌을 때 · 030
case3 새끼 모종이 늘어나 뿌리가 가득찼을 때 · 032
case4 기는줄기가 자라났을 때 · 034
case5 잎과 줄기가 가늘고 약하게 자랐을 때 · 035
case6 코노피툼 & 리토프스 예쁘게 키우기 · 036
037 다육식물 병해충 대책

Part 3 인기 다육식물 사전

돌나물과
040 아이오니움
042 아드로미스쿠스
044 에케베리아
062 칼랑코에
064 인기만점 '토끼' 패밀리
066 크라술라
071 그랍토베리아
073 그랍토세둠
073 크렘노세둠
074 그랍토페탈룸
075 파키베리아

076 코틸레돈
077 오로스타키스
078 세둠
083 세데베리아
085 파키피툼
086 셈페르비붐
088 틸레코돈
088 힐로텔레피움(꿩의비름속)
089 로술라리아
089 모난테스

아스포델루스과
090 알로에
093 아스트롤로바
093 쿠마라
094 가스테리아
095 가스테랄로에
096 하워르티아
108 불비네
108 포엘니치아

대극과
109 유포르비아
114 모나데니움
115 페딜란투스
115 야트로파

석류풀과(메셈류)
116 리토프스
120 코노피툼
124 알로이놉시스
124 안테깁바이움
124 일렌펠드티아
125 필로볼루스
125 플레이오스필로스
126 아르기로데르마
126 오스쿨라리아
126 글로티필룸
127 스토마티움
127 티타놉시스
127 딘테란투스
128 트리코디아데마
128 나난투스
128 에키누스
129 프리티아
129 베르게란투스
129 루스키아

용설란과
130 아가베
134 알부카

134 오르니토갈룸
134 산세비에리아
135 드리미옵시스
135 보위아
135 레데보우리아

협죽도과
136 파키포디움
138 오르베아
140 후에르니아
142 스타펠리아
143 포케아
143 프세우돌리토스
143 카랄루마
144 세로페기아
144 두발리아

국화과
145 세네시오
147 오토나

게스네리아과
147 시닝기아

쥐손이풀과
148 사르코카울론

쇠비름과
148 쇠비름
149 아나캄프세로스
150 아보니아

옻나무과
150 오페르쿨리카리아

뽕나무과
150 도르스테니아

방기과
151 스테파니아

용수과
151 알루아우디아

시계꽃과
151 아데니아

마과

152 디오스코레아

쐐기풀과

152 필레아

후추과

152 페페로미아

파인애플과

153 디키아

154 틸란드시아

선인장과

156 마밀라리아

158 아스트로피툼

159 짐노칼리시움

160 에키놉시스

160 투르비니카르푸스

161 테프로칵투스/텔로칵투스

161 립살리스

162 레부티아

162 로포포라

163 에피텔란타

163 에리오시케

163 술코레부티아

164 스테노칵투스

164 파로디아

164 페로칵투스

165 오푼티아

165 신티아

165 레우크텐베르기아

COLUMN

047 석화(石化, monstrosa)와 철화(綴化, cristata)

053 예쁜 단풍잎을 만들려면

060 새 품종명을 붙이는 규칙

063 이름에 「선(仙)」, 「선(扇)」, 「무(舞)」, 「토(兎)」,
「복(福)」이 많은 칼랑코에

075 속간교배종이란

098 하워르티아의 타입 분류 ①

108 하워르티아의 타입 분류 ②

110 유포르비아의 하얀 수액

112 개성이 풍부한 유포르비아

113 선인장 가시와 유포르비아 가시

119 리토프스가 웃자랐다면 다음 탈피까지
기다린다

130 아가베의 워터마크와 성장 흔적

139 한번 보면 잊을 수 없는 박주가리과의 꽃

다육식물 관리 TIP

058 몸통자르기 → 꺾꽂이로 다시심기
에케베리아 칠복신

063 자라난 줄기와 가지를 잘라 다시심기
칼랑코에 테디 베어

070 자라난 줄기와 가지를 잘라 다시심기
크라슐라 소미성

072 번식시킨 새끼 모종을 잘라 다시심기
그랍토베리아 마가레테 레핀

077 가지가 갈라져 나온 모종 다시심기
코틸레돈 웅동자

084 자라난 줄기와 가지를 잘라 다시심기
파키피툼 베이비 핑거

087 번식시킨 새끼 모종을 잘라 다시심기
셈페르비붐 마린

092 새끼 모종이 늘어나 뿌리가 가득찼다
알로에 라우히 화이트 폭스

095 새끼 모종이 늘어나 뿌리가 가득찼다
가스테리아 바일리시아나

104 새끼 모종이 늘어나 뿌리가 가득찼다
하워르티아 레투사

123 **코노피툼과 리토프스의 「탈피」**

이 책의 사용법

- Part1 「모아심기 즐기기」에서는 모아심기의 사례와 방법을 소개한다.
- Part2 「재배 기초지식」에서는 흙, 비료, 물주기, 온도관리 등 키우는 방법을 소개한다.
  다육식물 재배에 익숙하지 않은 사람은 Part2부터 먼저 읽어보기를 추천한다.
- Part3 「인기 다육식물 사전」에서는 총 715종을 소개한다. 기본적으로 학명의 알파벳 순서로 게재했으며,
  조금 바뀐 부분도 있다. 학명은 APG 분류체계가 기준이다. 사전 보는 방법은 아래 참조.

※ 모르는 단어가 나오면 「용어 가이드」(p.166)에서 찾아보자.

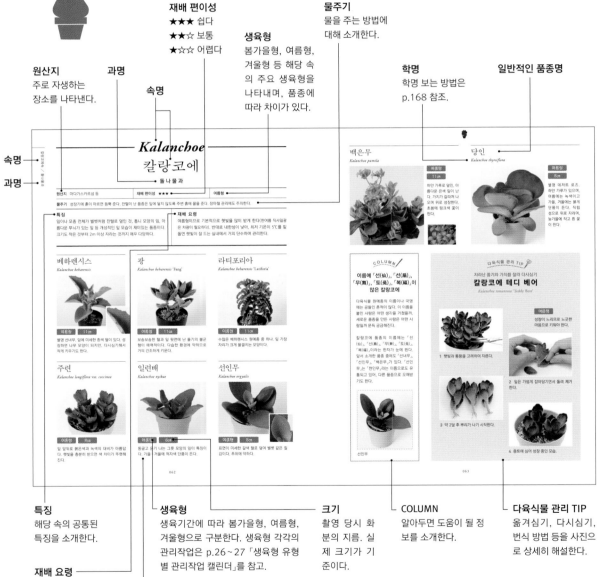

재배 편이성
★★★ 쉽다
★★☆ 보통
★☆☆ 어렵다

생육형
봄가을형, 여름형, 겨울형 등 해당 속의 주요 생육형을 나타내며, 품종에 따라 차이가 있다.

물주기
물을 주는 방법에 대해 소개한다.

원산지
주로 자생하는 장소를 나타낸다.

과명

속명

학명
학명 보는 방법은 p.168 참조.

일반적인 품종명

속명 →
과명 →

Kalanchoe
칼랑코에
돌나물과

특징
해당 속의 공통된 특징을 소개한다.

재배 요령
해당 속을 키우는 방법의 중요 포인트를 소개한다.

생육형
생육기간에 따라 봄가을형, 여름형, 겨울형으로 구분한다. 생육형 각각의 관리작업은 p.26~27 「생육형 유형별 관리작업 캘린더」를 참고.

해당 종의 특징과 키우는 요령을 소개한다.

크기
촬영 당시 화분의 지름. 실제 크기가 기준이다.

COLUMN
알아두면 도움이 될 정보를 소개한다.

다육식물 관리 TIP
옮겨심기, 다시심기, 번식 방법 등을 사진으로 상세히 해설한다.

- 국명, 유통명 등은 모두 별명으로 소개한다.
- 이 책의 관리작업은 일본 간토지방의 평지가 기준이다. 한랭지란 간토 북쪽지역(신에츠, 도호쿠, 홋카이도)과 혼슈의 고산지역에서 겨울 기온이 낮은 곳을 말한다.

Part

1
모아심기 즐기기

다육식물은 잎 모양, 전체 형태, 색조 등 다양한 모습을 가진다.

단독으로 화분에 심어서 즐길 수도 있지만, 모아심기를 하면 색다른 매력을 느낄 수 있다.

각자 매력을 뽐내면서, 하나의 화분에서 다양한 표정을 만들어내는 다육을 보는 재미란 특별하다.

관리방법이 같은 품종을 조합해서 키우는 것이 성공비결이다.

모아심기의 사례로 총 10종을 소개한다.

건조한 환경에 강한 식물과 모아심기

대부분 다육식물만으로 모아심기를 하지만, 여기서는 건조한 환경에 강한 식물을 함께 심어 보았다.

호주, 뉴질랜드, 남아프리카, 지중해가 원산지인 식물은 건조한 환경에 강한 품종이 많은데,

물주기와 온도관리가 서로 비슷한 것끼리 선택해야 한다.

은백색의 잎을 가진 실버리프는 건조한 환경에 강한 품종이 많아서, 기억해 두면 다양하게 이용할 수 있다.

고정관념에 갇히지 말고, 자유로운 발상으로 자신만의 모아심기를 만들어 보자.

모아심기
1

**가지 모양이 재미있는
식물과 허브로
높낮이를 만들고
심플한 세둠과
함께 연출**

구릿빛 가느다란 가지가 인상적인 이 식물은 코로키아 코토네아스테르 (*Corokia cotoneaster*). 뉴질랜드에 자생하며 내한성이 있고 여름철 고온다습한 환경에 약해, 건조한 환경을 좋아하는 다육식물의 성질과 비슷하다. 사진은 세둠과 함께 모아심기한 모습으로, 앞쪽에는 줄기가 옆으로 포복하면서 자라는 타임을 배치했다. 타임 외에 건조한 환경에 강한 허브로 로즈메리 등도 있다. 세둠의 꽃색과 잘 어울리는 화분을 골랐다.

리토프스와 플레이오스필로스를
잎 색깔이 섬세한 식물과
모아심기

리토프스와 플레이오스필로스는 해충으로부터 자신을 보호
하기 위해 돌에 의태하는 품종이다. 지중해가 원산지인 로
터스 브림스톤(Lotus 'Brimstone')과 모아심기하고, 가장
자리에 흰 돌을 배치했다. 브림스톤은 건조한 환경을 선호
하며 저온에도 강한 여러해살이풀이다. 가운데는 크라슐라
를, 왼쪽에는 늘어지는 타입의 세네시오를 배치하여 생동감
있게 연출했다.

우아한 색채의 다육을
경쾌하고 아름답게 모아심기

화분 컬러에 맞추어 우아한 색채의 다육을 가득
심었다. 칼랑코에 월토이, 세둠, 그랍토페탈룸,
세네시오 등을 대담하고 생동감 있게 연출했다.

높이가 있는 테라코타 화분에
같은 계열의 색으로
우아한 분위기를 연출

에케베리아와 파키피툼을 중앙에 놓고, 높이가 있
는 테라코타 화분에 그레빌레아 중 기는가지 품종인
라니게라를 심었다. 여기에 앞쪽으로 늘어지는 세네
시오로 섬세한 분위기를 냈다.

겨울 단풍을 즐기면서
활발하게 성장하는
모습을 감상

다육식물을 모아심기하면, 시간이 지나면서 좌우나
위로 자라며 구불구불 자유롭고 활발하게 성장한
다. 뒤쪽 알로에와 가운데 에케베리아 주위를 세둠
이 춤추고 있다. 사진은 모아심기한 지 약 10년 된
모종으로, 1년 내내 늠름하게 실외에서 살아가고
있다.

크고 작은 덩이뿌리식물을 대담하게 배치

덩이뿌리식물은 하나의 모종만 키우는 경우가 많은데, 관리작업이 같다면 같은 화분에서 함께 키울 수 있다. 단, 덩이뿌리식물은 옮겨심기에 민감하므로 겨울에는 옮겨 심지 않고 5~6월 초여름에 작업한다. 사진은 파키포디움 칵티페스를 뒤에 두고 왼쪽에 파키포디움 로슬라툼, 오른쪽에 브레비카울레를 심었다.

다채로운 붉은색 화분에 붉은색과 진보라색으로 통일감을 연출

화분의 색과 모아심기한 품종의 색을 맞추어, 일체감 있는 화분으로 만든다. 아이오니움을 높게 배치하고, 앞쪽에는 키 낮은 품종을 두어 균형을 맞춘다. 촘촘하게 심지 않고 붉은 화장사를 배합한다. 다육을 다양한 방향으로 심어서, 어느 쪽에서 봐도 정면이 되도록 표현했다.

다육식물만 가득 심기

다육식물 모아심기는 다육식물만 심는 것이 기본이다.
성공 포인트는「같은 생육형」식물을 심는 것이다.
각 모종의「형태」를 생각하면서 입체적으로 심어 보자.
작은 화분으로 귀엽게 만들 수도 있지만, 큰 화분을 이용해서
역동적으로 연출하는 방법도 추천한다.

모아심기
8

에케베리아를 주인공으로
큰 화분에 역동적으로 연출

크게 모아심기할 때 중요한 점은「주인공을 결정
하는 것」과「중심을 어디에 둘 것인가」이다. 크기
나 색 등이 눈길을 끄는 품종을 주인공으로 왼쪽
에 중심을 두고, 강약을 주면서 전체적으로 균형
있게 배치한다. 에케베리아와 세둠 등을 이용해
역동적으로 심는다.

한 번쯤 시도해 보고 싶은 화려한 화관 스타일로

세둠, 에케베리아 등에서 같은 생육형 품종, 같은 크기의 모종을 골라 촘촘하게 심는다. 다육식물다운 귀여운 모습을 그대로 표현한다.

높이차로 움직임을 연출

오른편 안쪽에 위로 자라는 타입을 심고, 앞쪽에는 키 작은 타입과 가지가 늘어지는 타입을 배치한 기본 패턴이다. 늘어지는 타입은 정면을 피하고, 오른쪽이나 왼쪽에 배치하여 생동감 있게 연출한다.

모아심기 순서와 포인트

모아심기는 높이차를 두거나 색의 균형을 생각하면서
심은 모종이 어떻게 자랄지, 심고 난 뒤의 모습을 미리 상상해 보는 일이 중요하다.
이런 것들을 바탕으로 모종을 선택하면 좋다.
모아심기 순서를 알아보자.

모아심기 포인트

POINT 1

관리방법이 비슷한 품종을 고른다

같은 화분에 심어야 하므로 봄가을형, 여름형, 겨울형 등 생육형을 먼저 확인하고, 물주기와 두는 장소 등 관리방법이 비슷한 품종을 모은다.

POINT 2

어느 쪽에서 감상할지 고려하여 심는다

정면에서 볼 때 앞쪽을 낮게, 안쪽을 높게 심는 방법이 바람직하다. 위에서 보면서 모종의 색과 조합 등을 신경써서 배치한다.

POINT 3

화분과 품종 중 먼저 골라야 할 것은?

화분과 품종의 조합도 중요하다. 마음에 드는 화분과 심고 싶은 품종 중 어느 쪽을 먼저 골라야 할까? 주인 공을 돋보이게 해줄 화분과 모종을 고른다.

POINT 4

모종의 색과 크기를 균형 있게

모종끼리 크기가 너무 다르면 균형을 맞추기 어렵다. 주인공을 결정했다면 크기를 고려해서 모종을 고른다. 다채롭게 꾸밀 것인지, 같은 계열의 색으로 맞출 것인지도 생각한다.

준비물

(A) **경석(화분돌)**

(B) **배양토**

(C) **분무기(스프레이통)**

(D) **심는 화분**
앞뒤 구분이 어려운 모양의 화분은 앞쪽에 마스킹테이프 등으로 표시한다.

(E) **모종**
에케베리아, 세둠, 크라술라중에서 5종.

(F) **바닥에 까는 망**
해충의 침입과 흙이 유출되는 것을 방지한다.

(G) **가위**
미리 알코올로 살균한다.

(H) **플라스틱 스푼**

(I) **핀셋**
미리 알코올로 살균한다.

(J) **원통형 삽**

순서

1 화분에 망을 깐다.

2 화분돌을 깐다.

3 회분 높이의 절반까지 배양토를 넣는다.

4 모종 준비. 먼저 뿌리의 흙을 털어내고 엉킨 뿌리를 풀어준다.

5 심기 쉽도록 아래쪽 잎을 떼어 낸다. 시든 잎은 제거한다.

6 너무 긴 뿌리는 자른다.

7 준비가 끝난 모습.

8 완성한 모습을 상상하면서 화분에 임시로 꽂아 본다.

9 오른손잡이는 왼쪽 앞부터 심는 것이 편하다.

10 모종 하나를 심고 흙을 넣는다. 이 작업을 반복한다. 화분을 돌리면서 심는다.

11 핀셋으로 흙을 가볍게 찌르듯이, 뿌리를 땅속으로 넣는다.

12 모종은 촘촘하게 심으면 형태가 잘 변하지 않고, 느슨하게 심으면 성장하는 모습을 즐길 수 있다.

13 빈틈없이 흙을 메운다. 핀셋으로 흙을 찌르면 흙이 뿌리 사이로 잘 들어간다.

14 모종은 각각의 특징이 보이게 조절하고, 골고루 햇빛이 들도록 배치한다.

15 흙이 마르면 조절하기 어려우므로, 마지막에는 흙이 촉촉해지도록 물을 조금 뿌린다.

16 마지막으로 늘어지는 품종을 심는다. 심은 부분을 핀셋으로 찌르듯이 누른다.

17 뿌리가 가는 품종은 핀셋으로 심으면 편리하다.

18 틈새와 뒷면에도 심는다.

POINT

물주기는 1주일 후부터 시작!

완성!

Part

2

재배 기초지식

다육식물은 낮과 밤의 기온차가 크고,
강우량이 매우 적은 건조한 땅에서 자생하는 품종이 많다.
통통한 잎과 굵은 뿌리는 혹독한 환경에 적응하면서 진화해 왔다는 증거다.
원래 강하고 튼튼한 식물이지만, 자생지와 다른 기후에서
다육식물을 키우기 위한 기본지식은 알아두자.

How to choose
succulent seedlings
&
cultivation
points

모종 선택과 재배 포인트

다육식물 재배는 「모종 선택」부터 시작한다. 마음에 드는 품종을 발견하면, 건강한 모종인지 살펴보고 예산에 맞게 선택한다.

잎과 줄기에 윤기가 난다.

병이 없고 해충이 붙어 있지 않다(p.37).

줄기가 가늘고 약하게 자라지 않았다(=웃자라지 않았다).

POINT

기운이 없어 보이지 않는 것을 골라야 한다. 「어쩐지 이상한데」라는 느낌이 드는 것은 피한다.

모종을 고를 때 체크 포인트

재배의 첫걸음은 모종 선택이다. 이때 건강하게 자라고 있는 모종을 고르는 것이 성공적인 재배 포인트다.

우선 모종을 보고 마음에 드는 것, 모아심기하고 싶은 종류 등을 예산에 맞게 선택한다. 키우고 싶은 종류가 결정되면 그중 어떤 것이 좋은 모종인지 살펴본다. 왼쪽 **POINT** 를 참고해서 건강하게 자라고 있는 것을 고른다. 구입할 때는 속명이나 품종명을 확인해 두는 일도 중요하다. 제대로 관리하려면 라벨의 이름을 확인하고, 라벨이 없는 경우에는 가게 직원에게 자세히 물어본다.

Shop
가게 고르기

전문점이나 원예점이 좋다

다육식물 전문점이나 원예점에서 구입하면 일단 안심할 수 있다. 햇빛과 통풍 등 재배에 적합한 환경(p.20)에서 올바르게 관리하는 경우가 대부분이기 때문이다.

하지만 마음에 드는 모종을 발견하는 일도 중요하다. 최근에는 잡화점에서도 다육식물을 취급하고 있는 가게가 늘고 있으므로, 마음에 드는 품종을 발견하면 구입해도 좋다. 다만 실내에 놓여있던 경우, 구입 후 바로 직사광선을 받으면 엽소현상이 일어나 잎이 말라 버릴 수 있으므로 주의한다. 천천히 햇빛에 적응시킨다.

Season
계절

초보자는 봄에 시작하자

처음 재배한다면 봄~초여름에 시작하는 것이 바람직하다. 다육식물 대부분이 봄과 가을에 성장하는 「봄가을형」으로, 봄의 온화한 기후에서 식물이 건강하게 자란다. 봄부터 재배하면 장마철 습기대책, 한여름의 고온다습한 날씨나 직사광선 관리 등 다육식물 재배에 조금씩 익숙해질 수 있다. 또 봄에는 가게 앞에 진열해 놓은 품종도 많고 모종 자체도 건강하다. 「여름형」을 재배할 때도 재배 시기는 봄~초여름이 적절하다.

물론 계절에 상관없이 마음 내킬 때 재배를 시작해도 좋다.

Price
가격

저렴한 품종은 키우기 쉬울까?

다육식물의 가격은 몇천~몇십만 원까지 다양하다. 가격차가 생기는 가장 큰 이유는 성장과 번식의 용이성이다. 새끼 모종이 나고 번식이 잘되는 튼튼한 품종은 모종을 많이 생산할 수 있어서 가격이 저렴하다. 저렴한 것은 대체로 키우기 쉽다. 반대로 비싼 것 중에는 번식이 어려운 품종이 많다.

자생지에서 수입한 모종도 비싸다. 자생지와 기후, 풍토가 전혀 다른 곳에서 키우려면 재배지식과 경험이 필요하다.

다육식물 초보가 성공하기 위한 5가지 포인트

다육식물을 키우고 싶은 마음에 재배를 시작해도, 결국 시들어 버리거나 제대로 키우지 못하곤 한다. 일단 시작이 중요하다. 성공 경험을 쌓아가며 다양한 품종을 시도해 보자.

POINT 1

키우기 쉬운 품종을 고른다
초보자도 키우기 쉬운 것은 에케베리아, 세둠, 용설란 등이다. 저렴하고 튼튼한 품종을 고른다.

POINT 2

생육형을 확인한다
속명, 품종명을 알 수 있는 것을 고르고, 그 자리에서 생육형을 확인한다. 확인이 안 되는 것은 피한다.

POINT 3

전문점에서 지식을 얻는다
맨 처음 모종은 다육식물 전문점에서 구입하고, 그곳에서 재배방법을 배운다.

POINT 4

옮겨심기는 흙이 붙어있는 그대로
화분에 옮겨 심는 경우, 뿌리 주변의 흙은 그대로 두고 토양을 보충해서 조금 큰 화분에 옮겨 심는다.

POINT 5

모아심기는 같은 생육형으로
모아심기를 하려면 같은 생육형을 고른다. 다른 생육형은 함께 키우기 어렵다.

인기 덩이뿌리식물을 키우는 5가지 포인트

건조하고 혹독한 환경에서 자생하며 줄기, 뿌리가 수분과 영양분을 저장하기 위해 덩어리 형태가 된 「덩이뿌리식물」. 그 모양이 독특해서 인기가 있는데, 튼튼하고 보기 좋은 형태로 키우기 위한 5가지 포인트를 알아보자.

POINT 1

천천히 크게 키우기
덩이줄기, 덩이뿌리 부분을 크게 키우려면 비료를 최대한 적게 준다. 성장이 느려지지만 자생지에서 10, 20년에 걸쳐 자라는 품종이다. 「느긋하게 키우는」 재미를 느껴보자.

POINT 2

지나친 물주기는 주의
성장기인 여름에는 화분 속 흙이 바싹 마른 다음 물을 듬뿍 준다. 대나무 꼬챙이를 찔러 확인하는 등 물을 지나치게 주지 않도록 주의한다.

POINT 3

휴면기에는 1달에 1번 가볍게 물주기
휴면기에 잎이 지면 원칙적으로 물을 주지 않는다. 하지만 물을 전혀 주지 않으면 말라 죽는다. 화분에 재배할 경우 휴면기에도 1달에 1번, 흙 표면이 촉촉해질 정도로 물을 준다.

POINT 4

옮겨심기는 초여름에
덩이뿌리식물은 옮겨심기에 민감하므로, 옮겨 심은 후 2~3년 동안은 옮겨심기하지 않는다. 옮겨심기는 5~6월 초여름에 실시한다.

POINT 5

종자번식 모종이 키우기 쉽다
덩이뿌리식물 초보자라면 자생지에서 채취해 수입 모종보다, 국내에서 씨를 뿌려 키운 「종자번식 모종」이 재배하기 쉽다.

종자번식 모종

수입 모종

두는 장소의 기본

다육식물은 기본적으로 실내가 아니라 실외에 두어야 한다.
건강하게 키우려면 햇빛과 바람이 필요하기 때문이다.

「실외」, 「햇빛」, 「바람」

귀엽고 독특한 모습의 다육식물을 인테리어용으로 실내에 두고
싶어하는 사람도 있다. 하지만 다육식물은 관엽식물과 달리 충
분한 햇빛이 필요한 식물이므로, 실내에 들어오는 햇빛의 양으
로는 많이 부족하다.
다육식물을 건강하게 키우기 위한 장소의 3대 원칙은 「실외」,
「햇빛」, 「바람」이다. 두는 장소를 결정하기 전에 이 3가지를 충
분히 생각해야 한다.

실내는 햇빛과 바람이 부족하다

예를 들어 화창한 여름날 실외 직사광선은 10만 럭스, 흐린 날
에도 3만 럭스 정도다(둘 다 12시쯤 실외 수치). 반면 실내에서는
남향의 밝은 창가도 8000~9000럭스 정도로, 자릿수가 달라
질 만큼 차이가 크다.
실내는 바람도 부족하므로, 동절기 등 화분을 실내에 둘 경우에
는 물을 준 다음 선풍기로 바람이 통하게 해야 한다.

재배에 적합한 장소

다육식물을 키우려면 땅보다 화분에 심는 편이 적합하다.
왜냐하면 화분에 심어야 사계절 기후 변화에 대응이 쉽기 때문이다.
여기서는 베란다 재배를 기준으로 설명하며, 단독주택이라면 처마밑에 두면 좋다.

비를 맞지 않는 장소

지붕과 처마는 비가림막이
되며, 여름철 강한 직사광
선으로부터 다육식물을 보
호한다.

햇빛이 잘 드는 것이 중요

되도록 햇빛이 잘 드는 쪽
을 향하게 재배공간을 설
치한다. 여름철 직사광선
에 취약한 품종이면 「차광
망」으로 대책을 마련한다
(p.21).

통풍과 온도 대책으로 받침대나 선반에 놓기

베란다 바닥은 바람이 잘
통하지 않고, 화분에 더위
와 추위가 직접 전달되므로
받침대나 선반에 놓고 관리
한다. 바닥에서 10cm 이상
높이를 확보하되, 물을 줄
때 아래쪽 화분에 물이 떨
어지지 않게 주의한다.

습한 계절에는 바람이 통하도록

장마철과 여름에는 선풍기
나 서큘레이터 등으로 바람
이 통하게 하여 습기를 제
거한다.

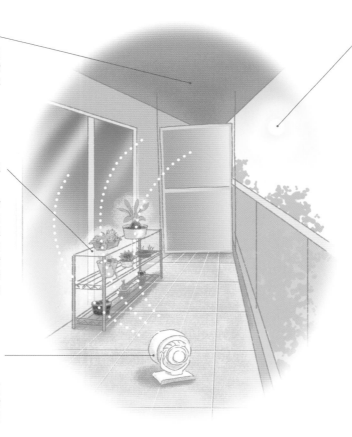

식물재배용 조명

실내에서 꼭 기르고 싶
다면 식물재배용 조명
을 이용하는 것이 편리
하다. 전문점이나 원예
점에서 식물을 구입할
경우 실내조명으로 재
배하기에 적합한 품종,
온도관리, 조명 종류 등
에 대해 상담해 보자.

Measures against
sunlight, humidity
and
temperature

햇빛, 습도, 온도 대책

많은 다육식물의 서식지가 낮에는 고온이지만, 밤에 기온이 내려가고 공기가 건조해진다. 고온다습한 곳에서 키우기 위한 포인트를 알아보자.

자생지의 기후는?

다육식물의 원산지는 남아프리카, 마다가스카르, 중남미 등 열대지역이 대부분이다. 열대 원산지라고 하면 햇빛이 내리쬐고 고온인 이미지가 강하다. 하지만 다육식물 자생지는 열대지역 중에서도 고도가 높은 곳이 많다. 따라서 최고기온은 30℃ 내외까지 올라가지만, 밤이나 아침 최저기온이 3~18℃ 정도에 불과하고 공기는 건조하다.

여름에 약하다

다육식물 대부분은 여름철 고온다습한 날씨와 강한 햇빛에 약하다. 강한 햇빛을 받으면 잎이 화상을 입거나 시들 수 있다. 여름이 오면 35℃를 넘는 무더운 날도 드물지 않고, 심지어 40℃가 넘는 날도 있다. 게다가 습도도 높다.
따라서 다육식물 재배는 겨울철보다 여름철 대책을 중요시해야 한다.

여름철 햇빛 대책

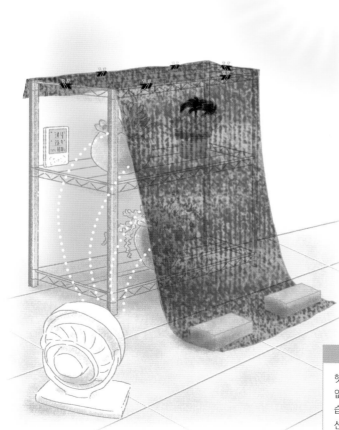

햇빛에 화상을 입지 않게 잎을 보호

잎과 줄기에 수분을 저장하고 있는 다육식물은, 일반적인 식물과 달리 강한 햇빛에 화상을 입을 수 있다 (→p.37). 다육식물의 잎이 사람의 피부와 비슷하다고 생각하면 이해하기 쉽다.
다육식물 재배는 햇빛이 잘 드는 것이 중요하지만, 여름에는 사람이 자외선 차단 대책을 마련하듯 다육식물도 차광을 해주어야 한다.

차광의 기본과 생육별 대책

차광을 위해 갈대발을 설치하는 것도 편리하지만, 햇빛이 너무 가려지는 경향이 있다. 가장 좋은 방법은 차광률을 선택할 수 있는 차광망(원예점이나 인터넷에서 구입)을 설치하는 것이다. 다육식물에는 차광률 50%가 가장 적합하다.
처마밑처럼 낮에 몇 시간 햇빛이 들어오고 그 후 그늘이 지는 장소라면, 한여름 말고는 햇빛을 가릴 필요가 없다.

※「인기 다육식물 사전」의 「재배 요령」에서 나오는 「반음지」는, 이런 방법으로 햇빛을 조절하는 상태이다.

여름형	봄가을형 · 겨울형
햇빛을 많이 가릴 필요는 없지만, 화분 속이 고온다습해지는 것을 막기 위해 선풍기 등으로 가끔 바람이 통하게 하면 좋다.	차광망 등을 이용하여 강한 햇빛을 조절한다. 화분 속이 고온다습해지는 것을 막기 위해 선풍기 등으로 가끔 바람이 통하게 한다.

장마철 습도 대책

장마철에는 물주기로 습도 조절

다육식물은 물을 줄 때는 듬뿍 주고, 이후 화분의 흙이 속까지 충분히 마르기를 기다려야 한다. 이런 완급조절이 중요하다.

장마가 계속되면 화분을 지붕 밑에 두어도 흙이 좀처럼 마르지 않는다. 이런 시기에는 물주기로 조절한다. 평소 1주일에 1번 물을 주는 화분이라면, 장마철에는 2주일에 1번 준다. 지나친 물주기는 금물이다.

겨울철 추위 대책

포인트 기온은 5℃와 1℃

추위 대책의 포인트는 최저기온이다. 최저기온이 5℃를 밑도는 시기가 되면 겨울철 대책을 마련한다.

여름형은 최저기온이 5℃ 이하로 내려가기 전에 햇빛이 잘 드는 창가 등 실내로 옮긴다.

봄가을형과 겨울형은, 최저기온이 6℃ 이상이면 실외에 두고 낮 동안 햇빛을 받게 한다. 실내로 옮길 경우 갑자기 따뜻한 방으로 옮기면 안 된다. 갑작스러운 온도차는 다육식물에 좋지 않으므로, 난방을 하지 않는 현관 등에 두도록 한다.

여름형은 실내로 옮긴다

온풍기 등 난방의 영향이 적은 장소.

가끔씩 선풍기를 이용하여 바람이 통하게 한다.

햇빛이 잘 드는 창가.

부직포로 추위를 막는 경우

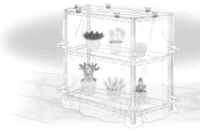

봄가을형과 겨울형은 최저기온 1℃까지 괜찮지만, 밤에 부직포로 덮어주는 것도 좋은 방법이다.

간이 온실을 사용하는 경우

겨울에도 낮 동안 환기를 시키지 않으면 고온이 될 수 있으므로 주의한다.

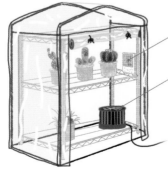

온도계, 습도계를 설치한다.

원예용 히터를 켠다.

여름형은 온실을 봄가을형, 겨울형과 따로 설치한다.

온도 기준
여름형
낮 20℃ / 밤 6℃
봄가을형 · 겨울형
낮 10℃ / 밤 1℃

여름형

물주기

잎이 남아 있는 동안은 물주기를 한다. 잎이 떨어지기 시작하면 횟수와 양을 줄이고, 잎이 완전히 지면 단수하고 휴면한다.

단수 주의점

뿌리가 굵은 종은 단수해도 좋지만, 뿌리가 가는 종은 완전히 단수하면 뿌리가 약해지므로 1달에 1번 표면의 흙이 촉촉해질 정도로 물을 준다.

실내에서 겨울나기

최저기온이 5℃를 밑돌기 전에, 햇빛이 잘 드는 실내 창가로 옮긴다. 난방으로 너무 따뜻해지지 않도록 주의한다.

봄가을형 · 겨울형

따뜻한 지역은 실외에서

내한성이 있어서, 따뜻한 지역은 겨울에도 실외재배가 가능하다.

온도관리

최저기온이 1℃를 밑돌거나, 한파가 오고 눈이 내린다는 등의 예보가 있으면 햇빛이 잘 드는 실내 창가 등으로 옮긴다. 난방으로 너무 따뜻해지지 않도록 주의한다.

물주기

생육형과 품종에 따라 물을 주는 횟수와 양을 조절한다.

Basic knowledge of watering succulents

물주기의 기본

물은 모종 주변의 흙에 주는 것이 기본이다. 잎 위에 물이 고이면 잎이 상하는 원인이 될 수도 있다. 도구를 구분하여 적절하게 물을 준다.

완급을 조절한 물주기가 원칙

다육식물 물주기에는 2가지 원칙이 있다. 첫째, 화분 속 흙이 충분히 마르기를 기다렸다가 화분 바닥에 흘러나올 정도로 듬뿍 준다. 둘째, 잎과 줄기에 물이 닿지 않도록 모종 주변의 흙에 조심스럽게 준다. 다육식물은 잎, 줄기, 뿌리에 수분을 충분히 저장하고 있으므로 다습한 환경에 약하다.

POINT 1

물주기는 「아침에 1번」

물주기의 기본은 「이른 아침」이다. 낮에 해가 높이 뜬 시간대에는 화분 속 물이 뜨거워질 수 있다. 특히 여름에는 금물이다. 아침에 물을 주면 저녁까지 증발하지만, 저녁에 물을 주면 아침까지 거의 증발하지 않는다. 다육식물은 물을 준 후 신속하게 건조한 상태로 되는 것이 중요하다.

POINT 2

「흙이 마르면」, 「듬뿍」

겉으로는 화분 속 흙의 건조상태를 알기 힘들다. 쉽게 알 수 있는 방법으로, 화분 속 흙에 대나무 꼬챙이 등을 꽂아 두었다가 가끔씩 빼내서 어디까지 젖어 있는지 확인한다. 또 물주기 전후로 화분을 들어 무게를 가늠해 두면, 다음에 들었을 때 건조상태를 추측할 수 있다.

물주기는 화분 바닥에서 물이 흘러나올 정도로 듬뿍 주는 것이 기본이다. 그래야 화분 속 노폐물 등을 흘려보내고 새로운 공기를 들여보낼 수 있다.

대나무 꼬챙이 등을 꽂아 둔다.　빼내고 젖은 상태를 확인한다.

잎 상태 살펴보기

물주기는 기본을 지키면 되고, 잎 상태를 살피는 일이 가장 중요하다. 잎이 변색되고 부드러워지기 시작했다면 물을 너무 많이 준 것이다. 잎이 시들거나 하얗게 변한 것은 물이 부족하다는 표시다. 잎이 떨어지면 휴면기에 접어든 것이므로 물의 양을 줄이는 등, 잎이 드러내는 메시지를 잘 관찰해야 한다.

물주기 방법

긴 노즐 물뿌리개

물은 모종 주변의 흙에 주는 것이 기본이다.

물뿌리개

먼지와 해충을 날리기 위해, 가끔 위에서 물을 뿌린다.

저면관수 (요수)

모종이 작을 때나 잎이 넓어 흙에 물을 주기 어려운 경우, 화분 바닥에 물을 담아 흡수시키는 방법이다. 흙 표면이 촉촉해지면 바로 꺼낸다.

에어블로워

잎 위 등에 고인 물방울은 빛이 모이면 엽소현상의 원인이 되므로, 에어블로워로 날린다.

✕ **이 방법은 금지!**

스프레이로 물을 주면 뿌리에 물이 도달하지 못한다. 잎줄기나 모종 주위의 습도만 올라갈 뿐 오히려 역효과가 발생한다(※ 종자번식 모종은 예외).

Soil and fertilizer for cactus

흙과 비료

다육식물을 키울 때 흙은 시판 배양토를 이용하는데, 직접 배합해도 좋다.
비료는 물을 줄 때마다 조금씩 녹는 고체 타입이 편리하다.

시판 「다육식물용 흙」을 사용하면 OK

재배용 흙은 시판되고 있는 「다육식물용 흙(배양토)」을 사용한다. 배양토는 다육식물에 적합한 배수성, 보수성, pH(약산성), 혼합비료 등을 적절하게 조절, 배합한 것이다. 특히 초보자는 흙 문제로 고민하기보다 물주기, 햇빛 등을 제대로 관리하는 것이 우선이다. 시판 배양토를 고르기 힘든 경우 아래 「추천 배합」을 참고하자.

익숙해지면 직접 배합해도 OK

다육식물 재배에 익숙해지면 흙을 직접 배합해도 좋다. 이 경우 시판품의 배합을 참고하여 자신의 환경에 맞게 배합을 조절하면 된다. 다양하게 시도해 보는 일도 다육을 재배하는 즐거움 중 하나다.

재배할 때는 정기적으로 옮겨 심는 일도 중요하다. 포기나누기, 다시심기에 맞춰서 새 흙으로 교체한다.

재배에 사용하는 주요 용토

육묘용 배양토

꺾꽂이나 잎꽂이를 할 때는 아직 뿌리가 가늘고 약하므로, 육묘용 배양토(입자가 고운 배양토)에 심는 것이 좋다.

적옥토 (작은 입자)

화산회토인 적옥에서 만들어진 약산성 흙이다. 입자크기에 따라 구분해서 사용한다. 작은 입자는 보수성, 배수성의 균형이 좋고 식물의 안정성도 뛰어나다.

경석

다공질이므로 통기성이 뛰어나고 배수성, 보수성 모두 좋다. 원산지 화산에 따라 색과 성질이 다른데, 일반적인 경석은 흰색~회색이다.

녹소토

일본 도치기현 가누마 지방에서 채취되는 경석으로, 적옥토보다 가볍고 희다. 주로 산성이며 보수성, 배수성이 뛰어나다.

버미큘라이트

광물인 질석을 고온에서 구워 만든 것으로, 기본 용토를 보충하는 개량용토다. 다공질로 보수성(배수성보다 좋다), 보비성이 높은 용토를 만든다.

펄라이트

진주암을 고온고압 가열한 것으로 기본 용토를 보충하는 개량 용토다. 특징이 비슷한 버미큘라이트는 보수성을, 펄라이트는 배수성을 보고 선택하면 좋다.

제올라이트

화산재가 바다나 호수 바닥에 쌓여, 높은 수압 등의 영향으로 만들어진 광물이다. 나노미터 크기의 구멍이 무수히 뚫려 있는 다공질로 보비성, 통기성이 뛰어난 토양개량제다.

추천 배합

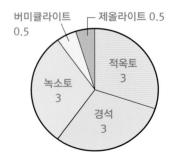

버미큘라이트 0.5 — 제올라이트 0.5
적옥토 3
녹소토 3
경석 3

비료에 대하여

다육식물은 원래 척박한 환경에 적응하여 살아남은 식물이므로, 일반적인 화초나 베란다 텃밭 식물보다 비료를 훨씬 적게 줘도 괜찮다. 다양한 종류의 비료가 있는데, 고체 형태의 완효성비료나 알갱이 형태의 화성비료를 추천한다.

비료는 1년 내내 주는 것이 아니며, 생육형에 따라 주는 타이밍이 다르다.

※ p.26~27 「생육형 유형별 관리작업 캘린더」 참조.

고체 형태의 완효성비료(왼쪽)와 알갱이 형태의 화성비료(오른쪽). 흙 위에 놓아두면, 물을 줄 때마다 조금씩 녹으면서 천천히 효과가 나타난다.

Convenient tool for cultivation

재배에 편리한 도구

다육식물을 재배할 때 편리한 도구를 소개한다.

원통형 삽

화분에 흙을 넣을 때 사용한다. 새끼 모종을 옮겨 심기할 때는 작은 화분을 사용하므로, 큰 삽과 작은 삽 모두 필요하다.

긴 노즐 물뿌리개

잎이나 모종에 물이 닿지 않도록 긴 노즐 물뿌리개를 준비한다.

물뿌리개

잎 위로 물을 줄 때 사용한다. 물뿌리개 입구를 분리할 수 있으면 편리하다.

가위

새끼 모종, 줄기, 오래된 뿌리를 자르는 등 다육식물 관리에 반드시 필요하다. 사진처럼 3종류가 있으면 편리하다.

커터칼

새끼 모종, 뿌리를 떼어낼 때 사용한다. 일반적인 커터칼을 사용해도 상관없으므로, 사용하기 쉬운 것으로 준비한다.

라벨

품종명과 작업 날짜를 기록해서 화분에 꽂는다.

고무코팅 장갑

아가베 등 가시가 날카로운 품종을 관리하거나 옮겨 심을 때 필요하다. 손바닥 부분이 고무로 된 것을 선택한다.

에어블로워

원래 카메라에 사용하는 것으로, 공기로 먼지를 날리는 도구다. 다육식물을 관리할 때도 잎에 맺힌 수분을 날리는 등 편리하게 사용할 수 있다.

핀셋

시든 잎과 꽃을 제거하거나, 옮겨심기할 때 흙을 찔러 넣어 틈새를 메우는 등 있으면 편리하다.

화분 고르기

화분은 재질에 따라 통기성과 편리성 등이 달라진다. 도자기 화분은 통기성이 좋아 수분이 쉽게 증발하고, 플라스틱 화분은 가볍고 튼튼하며 사이즈도 다양하다. 화분 바닥의 구멍 크기는 배수의 좋고 나쁨과도 연관된다. 여름형 덩이뿌리식물은 따뜻한 환경을 좋아하므로, 열이 쉽게 모이는 검은 화분이 적합하다. 에케베리아 등 봄가을형 품종은 흰 화분을 포함하여 어떤 화분이든 잘 맞는다. 화분 특성에 따라 물주기의 타이밍과 양이 미묘하게 달라진다. 흙과 식물의 상태를 관찰하면서 잘 키워야 한다.

플라스틱 화분

가볍고 보수성이 좋으며 다양한 사이즈가 있다.

도자기 화분

통기성이 좋아 식물이 습기와 열기로 짓무르지 않는다.

양철 화분

가볍고 다루기 쉬우며 보수성이 있다. 화분 바닥에 구멍이 나 있는 것을 고른다.

앤틱 화분

다육식물에 어울려 많이 사용한다. 도자기가 통기성이 좋으며, 두꺼운 것은 보수성도 높다.

Calendar for cultivation

생육형 유형별
관리작업 캘린더

다육식물은 크게 「봄가을형」, 「여름형」, 「겨울형」으로 나뉜다.
각 유형에 적합한 관리 요령을 파악하면 튼튼하게 키울 수 있다.

화분에 붙어있는 이름표는 버리지 않고 보관한다

다육식물을 구입할 때는 그 개체의 이름, 속명 등이 표시된 것을 선택하고, 이름표는 따로 보관한다. 이름표가 없는 경우에는 구입할 때 이름을 확인하고 메모를 해 둔다.

다육식물은 3가지 생육형(여름형, 봄가을형, 겨울형)이 있으며 한창 성장하는 계절, 성장이 완만해지는 계절, 휴면하는 계절이 각각 다르다.

관리작업은 생육형에 맞게 실시하는데, 생김새가 비슷해도 속명이 다른 경우가 있기 때문에 이름과 속명을 정확하게 알아두는 일이 중요하다.

생육형은 다육식물이 한창 성장하는 시기의 자생지 기온을 사계절에 맞도록 적용시킨 것이다. 따라서 여름형은 아무리 더워도 괜찮다거나, 겨울형은 추위에 강하다는 의미가 아니라는 점을 기억해야 한다.

대표적인 속

봄가을형

아드로미스쿠스
(코오페리)

에케베리아
(라우이)

크라슐라
(홍엽제)

하워르티아
(월영)

성장기	물주기	환경
봄과 가을. 생육온도는 10~25℃.	흙이 마르면 물을 듬뿍 준다. 여름에 성장이 느려지고 겨울에 휴면한다. 한여름에는 물을 적게 주고, 겨울에는 1달에 1번이 기준이다.	여름에도 그다지 기온이 높아지지 않는 열대나 아열대 고원에 자생하므로, 고온다습한 여름에 약하다. 한여름 관리에 특히 주의한다.

	1월	2월	3월	4월	5월	6월	7월	8월	9월	10월	11월	12월
두는 장소	바람이 잘 통하는 양지 (1℃를 밑도는 날에는 실내)		바람이 잘 통하는 양지				바람이 잘 통하는 반음지 (비를 맞지 않는 곳)			바람이 잘 통하는 양지		
물주기	1달에 1~2번 물주기. 흙이 반쯤 촉촉해질 정도		서서히 늘린다	흙이 마르면 듬뿍 준다		서서히 줄인다	10일에 1번 물주기. 흙이 반쯤 촉촉해질 정도			흙이 마르면 듬뿍 준다	1달에 1~2번 물 주기. 흙이 반쯤 촉촉해질 정도	
비료			완효성비료 1번		완효성비료 1번			완효성비료 1번 (단, 단풍이 들게 하려면 주지 않는다)				
작업			옮겨심기·포기나누기· 잎꽂이·꺾꽂이 적기					옮겨심기·포기나누기 적기				

여름형

대표적인 속

알로에
(페록스)

아가베
(이스멘시스)

파키포디움
(호롬벤세)

선인장과
(금양환)

성장기	물주기	환경
여름을 중심으로 봄~가을. 기온은 20~35℃가 기준. 겨울에는 휴면한다.	성장기에는 흙이 마르면 충분히 준다.	열대 건조지대에 자생하는 종이 많으므로, 다습한 여름에는 선풍기 등을 이용해서 습기를 조절한다. 겨울에는 최저기온이 5℃를 밑돌기 전에 햇빛이 잘 드는 실내로 옮긴다.

	1월	2월	3월	4월	5월	6월	7월	8월	9월	10월	11월	12월
두는 장소	햇빛이 잘 드는 실내			서서히 실외로	바람이 잘 통하는 양지						5℃를 밑돌기 전에 햇빛이 잘 드는 실내로 이동	
물주기	단수			서서히 늘린다	흙이 완전히 마르면 듬뿍 준다				서서히 줄인다		단수	
비료					완효성비료를 2달에 1번 정도							
작업					옮겨심기·포기나누기·꺾꽂이 적기							

겨울형

대표적인 속

아이오니움
(석영)

리토프스
(리토프스 할리)

코노피툼
(우비포르메)

일렌펠드티아
(반질리)

성장기	물주기	환경
가을~봄의 서늘한 계절에 왕성하게 자란다. 여름에는 휴면한다. 일반적인 화초나 대부분 다육식물과 생육패턴이 다르다.	가을~봄에는 흙이 마르면 듬뿍 준다. 겨울형이지만 한겨울에는 성장이 느려지므로 물도 적게 준다.	최저기온이 1℃를 밑돌거나 눈이 오는 날에는 실내로 옮긴다.

	1월	2월	3월	4월	5월	6월	7월	8월	9월	10월	11월	12월
두는 장소	햇빛이 잘 드는 실내			바람이 잘 통하는 양지			바람이 잘 통하는 반음지		바람이 잘 통하는 양지		1℃를 밑돌기 전에 햇빛이 잘 드는 실내로	
물주기	1달에 2번 정도 흙이 반쯤 촉촉해질 정도		흙이 마르면 듬뿍 준다			서서히 줄인다	1달에 2번, 흙 표면이 촉촉해질 정도로 가볍게 물주기		서서히 늘린다	흙이 마르면 듬뿍 준다	1달에 2번 정도 흙이 반쯤 촉촉해질 정도	
비료		완효성비료 1번							완효성비료 1번			
작업									옮겨심기·포기나누기·잎꽂이·꺾꽂이 적기			

How to grow succulents

꺾꽂이, 잎꽂이, 옮겨심기, 포기나누기

새끼 모종이 나거나 크게 자라 화분이 작아지기도 하므로
다육식물의 성장에 맞는 관리작업이 필요하다.

다육식물을 잘 관리하는 방법

건조지대 등 혹독한 환경에서 살아남은 다육식물은, 새끼 모종이 나거나 떨어진 잎에서 작은 싹이 돋아나는 등 다른 식물과는 다르게 성장한다. 재배하는 동안 잎줄기가 자라고, 새끼 모종이 성장하며, 겉모습도 변한다. 화분에 뿌리를 내린 후에는 옮겨심기도 필요하다. 새끼 모종과 잎을 잘 이용하면 쉽게 번식시킬 수 있다.

옮겨심기와 꺾꽂이에 적합한 시기는 봄가을이다. 여름에는 세균이 번식하기 쉽고 모종이 약해질 수 있으므로 옮겨심기, 꺾꽂이 등의 작업은 피하자.

목적에 따른 관리작업

새끼 모종이 나왔을 때
꺾꽂이 · 잎꽂이 → p.29

잎과 줄기가 가늘고 약하게 자랐을 때
꺾꽂이 → p.35

줄기와 가지가 자라서 촘촘하고 무성해졌을 때
꺾꽂이 · 잎꽂이 → p.30, 31

코노피툼 & 리토프스 예쁘게 키우기
탈피 껍질을 제거하기 → p.36

새끼 모종이 늘어나 뿌리가 가득 찼을 때
옮겨심기 · 포기나누기 → p.32, 33

꽃눈이 자라났을 때
꽃눈 손질 → p.36

기는줄기가 자라났을 때
꺾꽂이 → p.34

관리작업의 주의사항 → p.36

다육식물 병해충 대책 → p.37

옮겨심기 후 물주기는 1주일 후에

옮겨심기나 다시심기 후 바로 물주기는 금물이며, 「1주일 후」가 기준이다. 다육식물은 혹독한 자연환경에서 진화했기 때문에, 일단 스스로의 힘으로 새로운 흙에 뿌리를 내리려고 한다. 옮겨 심은 직후에는 기운이 없어 보여도, 점점 잎에 탄력이 생기고 뿌리가 새로운 흙에 적응한다. 옮겨심기 후 1번째 물주기는 약 1주일 후가 적당하다.

case 1

새끼 모종이 나왔을 때

다육식물은 새끼 모종이 나오는 품종이 많다. 에케베리아, 셈페르비붐, 아가베, 하워르티아 등이 그 예다. 새끼 모종이 여러 포기 나오면 모종의 모양을 정리하고, 자른 모종은 꺾꽂이하여 번식시키는 것이 좋다.

황홀한 연꽃

에케베리아속 p.55

새끼 모종 2포기가 나오고, 꽃눈도 돋아났다.

꺾꽂이 ❶ 새끼 모종 나누어 심기

1 새끼 모종의 줄기를 흙 표면에 가깝게 자른다.

2 흙에 꽂는 줄기는 1㎝ 이상이면 된다.

3 잎을 펴고 다시 심었을 때의 모양을 상상해 본다.

4 사진처럼 아래쪽에 있는 잎을 떼어내고 모양을 정리한다.

5 보기 좋도록 아래쪽 잎을 제거한 모습.

6 꽃눈은 줄기를 2~3㎝ 남기고 자른다.

7 바구니 등에 꽂아, 자른 면을 건조시킨다.

8 **1달 후_** 뿌리가 난 모종의 모습. 마른 꽃줄기는 뽑아낸다.

9 마른 배양토에 심는다. 1번째 물주기는 1주일 후에 실시한다.

10 **2달 후_** 제대로 뿌리를 내리고 순조롭게 성장 중인 모습.

잎꽂이 ❶

위 꺾꽂이 순서 **4**, **5**에서 제거한 잎을 흙 위에 나란히 올린다. 바람이 잘 통하는 반음지에 놓고, 뿌리가 날 때까지 그대로 두며 물은 주지 않는다. 포인트는 줄기에서 잎을 딸 때 가위가 아니라 손으로 따며, 잎을 묻지 않고 흙 위에 두는 것이다.

새끼 모종을 정리할 때 떼어낸 잎.

흙 위에 나란히 올리고, 날짜와 품종을 적은 팻말을 꽂는다.

마가레테 레핀

그랍토베리아속 p.72

새끼 모종이 나오는 위치와 양에 따라, 모종이 손상되지 않게 주의하면서 가위질한다. 자른 후에는 위 꺾꽂이 순서 **4**부터 같다. 자세한 순서는 p.72 참조.

새끼 모종이 여러 포기 나왔을 때

1 새끼 모종의 줄기는 짧거나, 거의 없는 것도 있다.

2 줄기가 짧을 때는 여러 장을 남기고 잎을 자른다.

3 어미 모종의 몸통에서 자라고 있는 새끼 모종도 떼어내는 것이 좋다.

줄기와 가지가 자라서 촘촘하고 무성해졌을 때

중심 줄기에서 줄기가 갈라져 나와 자라는 타입은, 잎이 무성해지며 겹쳐진 부분에 햇빛이 닿지 않는다. 다시심기하고 형태를 정리하면서 가지마다 햇빛이 닿을 수 있도록 가위질한다.

브론즈히메

그랍토세둠속 p.73

갈라져 나온 줄기가 성장하며 군생하고 있다.

봄가을형

단풍철이 되면 구릿빛이 진해진다.

꺾꽂이 ❷ 자라난 잎줄기를 잘라 다시심기

1 줄기에 잎이 여러 장 남는 위치에서 자른다.

2 웃자란 부분을 자른 모습이다.

3 다시심기한 모양을 상상하며 필요 없는 잎을 제거한다.

4 줄기가 1㎝ 정도 드러나도록 잎을 떼어낸다.

5 바구니 등에 꽂아, 자른 면을 건조시킨다.

6 뿌리가 나면 마른 배양토에 심는다.

7 2달 후_ 제대로 뿌리를 내리고 성장 중인 모습.

잎꽂이 ❷

줄기가 직립성인 품종에는 잎꽂이할 수 있는 것과 잎꽂이에 적합하지 않은 것이 있다. 사진의 브론즈히메는 잎꽂이할 수 있는데, 자라날 확률이 반반이므로 뿌리가 날 가능성을 믿고 시도해 보자. 위 꺾꽂이 순서 4에서 떼어낸 잎을 흙 위에 나란히 올린다. 바람이 잘 통하는 반음지에 놓고, 싹이 틀 때까지 그대로 두며 물은 주지 않는다.

1 꺾꽂이순을 정리할 때 떼어낸 잎.

2 잎을 나란히 올리고 날짜, 품종을 적은 팻말을 꽂는다.

꺾꽂이에 적합한 품종

아이오니움속(p.40), 크라술라속(p.66), 세둠속(p.78), 파키피툼속(p.85) 등 주로 돌나물과 품종이 꺾꽂이에 적합하다. 그 예로 오른쪽 품종에 대하여 각 페이지에서 순서 등을 소개한다.

테디 베어
(칼랑코에속 p.63)
잎을 가볍게 당기면서 돌려 떼어낸다.

소미성
(크라술라속 p.70)
여러 개의 가지가 모여 있는 아래쪽을 자른다.

웅동자
(코틸레돈속 p.77)
자라난 가지마다 햇빛이 닿게 자른다.

베이비 핑거
(파키피툼속 p.84)
꺾꽂이순은 잎을 줄기에 조금 남기고 자른다.

은월

세네시오속 p.145

뿌리가 날 때까지 시간이 걸리는 품종이므로 느긋하게 기다린다.

↓

5달 후

제대로 뿌리를 내리고 순조롭게 성장 중인 모습.

꺾꽂이 ❸ 잎이나 줄기를 잘라 번식시키기

1 땅에 꽂았을 때의 모양 등을 상상하여 잎줄기를 자른다.

2 자라난 잎줄기를 자른 모습.

3 줄기가 1cm 정도 드러나도록 잎을 떼어낸다.

4 잎을 떼어낸 후의 꺾꽂이순.

5 바구니 등에 꽂아, 자른 면을 건조시킨다.

6 꺾꽂이순에 발근제를 묻혀, 뿌리가 나도록 자극하면 좋다.

7 2달 후_ 아직 뿌리가 나지 않았다.

8 3달 후_ 꺾꽂이순 중 하나에 뿌리가 나기 시작했다.

9 4달 후_ 마침내 뿌리가 났다.

10 핀셋을 사용하면 심기 쉽다. 1주일 후에 1번째 물주기를 한다.

잎꽂이한 새끼 모종 심기

잎꽂이한 잎에서 새끼 모종이 나오면 흙에 심는다. 발근한 뿌리 부분이 흙에 덮이도록 심고, 물주기는 어미잎이 마른 후부터가 기준이다. 잎꽂이에 적합한 품종은 에케베리아속(p.44), 그랍토페탈룸속(p.74), 세둠속(p.78), 파키피툼속(p.85) 등이다. 단, 파키피툼속이 대표하는 덩이뿌리식물 타입은 잎꽂이에 적합하지 않다.

골든 글로우(세둠속)

클라바타(크라술라속)

발근을 촉진하는 약제

루톤은 꺾꽂이, 모종꽂이, 종자, 알뿌리 등의 발근을 촉진하는 식물 호르몬제다. 다육식물 말고도 일반적으로 꽃이 피는 식물이나 수목, 튤립, 히아신스, 글라디올러스 같은 알뿌리 식물에도 사용할 수 있다. 원예점, 마트, 인터넷사이트 등에서 구입한다. 식용작물에는 이 약제의 사용을 금지하며, 눈에 들어가지 않게 다루는 등 주의점을 잘 읽고 사용해야 한다.

적은 양의 물에 녹여서 발근시킬 부분에 묻힌다.

루톤(이시하라 바이오사이언스 주식회사).

case 3

새끼 모종이 늘어나 뿌리가 가득찼을 때

어미 모종 주위에 새끼 모종이 여러 포기 나고 화분 바닥에 뿌리가 나와 있는 경우, 옮겨심기하면서 포기나누기, 다시심기를 한다. 옮겨심기는 1년에 1번이 기준이며, 뿌리가 화분에 가득차기 전에 실시한다.

필리페라 ✕ 이스멘시스

아가베속 p.130

화분 위로 새끼 모종이 많이 나고, 뿌리가 가득차 있다.

↓

1달 후

어미 모종, 새끼 모종을 건조한 배양토를 넣은 화분에 각각 심는다.

여름형

날카로운 가시는 이스멘시스에서 유래.

옮겨심기 & 포기나누기 ❶ (아가베의 경우)

1 화분 옆구리를 꾹꾹 눌러 흙을 풀어준다.

2 조금씩 밀어 화분에서 빼낸다.

3 손가락으로 흙을 부수어 털어낸다.

4 불그스름한 뿌리, 털이 많은 가는 뿌리는 오래된 뿌리다.

5 새끼 모종의 뿌리를 잡고, 조금씩 흔들면서 새끼 모종을 떼어낸다.

6 얽혀 있는 뿌리가 새끼 모종과 떨어지지 않도록, 조심하면서 조금씩 떼어낸다.

7 어미 모종의 오래된 잎을 떼어낸다. 남겨 두면 썩는 원인이 되므로 조심스럽게 제거한다.

8 굵고 하얀 뿌리는 남기고, 붉은색 뿌리와 오래된 가는 뿌리를 제거한다.

9 뿌리를 정리한 후의 어미 모종과 새끼 모종.

다른 품종의 옮겨심기와 포기나누기

여기서 소개하지 않은 품종도 옮겨심기와 포기나누기가 가능하다. 그 예로, 오른쪽 품종에 대하여 각 페이지에서 주의점 중심으로 설명하였으니 참고한다.

마린
(셈페르비붐속 p.86)
뿌리가 가늘기 때문에, 오래된 뿌리는 조심스럽게 처리한다.

라우히 화이트 폭스
(알로에속 p.92)
잎끝의 시든 부분은 가위로 자른다.

바일리시아나
(가스테리아속 p.94)
어미 모종과 새끼 모종은 양쪽 밑동을 잡으면 떼어내기 쉽다.

픽타

하워르티아속 p.103

새끼 모종이 자라면, 어미 모종에 시든 잎이 생기기도 한다. 새끼 모종의 잎이 7장 이상 날 무렵이면 키우기 쉬워진다.

↓

옮겨심기 후

어미 모종과 새끼 모종 옮겨심기 완료!

레투사(하워르티아속)의 경우

새끼 모종이 많이 나고 뿌리가 화분을 가득 채운 상태. 옮겨심기와 포기나누기는 p.104를 참조.

옮겨심기 & 포기나누기 ❷ (하워르티아의 경우)

1 손목을 두드려서 그 진동으로 내부의 흙을 풀어준다.

2 화분 옆구리를 누르면서 흙을 풀어주는 방법도 좋다.

3 어미 모종을 가볍게 잡고 화분에서 꺼낸다.

4 모종을 잡은 손을 가볍게 두들겨 흙을 털어낸다.

5 오래된 뿌리를 제거한다. 억지로 당기지 않는다.

6 오래된 뿌리는 쉽게 떨어진다. 하얀 뿌리는 새로 난 것이므로 남긴다.

7 뿌리를 깨끗이 청소한 상태.

8 시든 잎은 손가락으로 잡아당겨 제거한다.

9 오래된 뿌리는 핀셋으로 제거한다.

10 오래된 뿌리와 잎을 정리하면 새끼 모종이 자연스럽게 떨어진다.

11 포기나누기로 오래된 잎과 뿌리를 제거한 모습.

12 사용하는 흙. 왼쪽부터 경석, 배양토, 화장석 (알갱이가 작은 경석).

13 화분 밑바닥이 보이지 않을 정도로 경석을 넣는다.

14 그 다음 배양토를 넣는다.

15 심을 위치를 생각해서 모종을 놓고 흙으로 채운다.

16 핀셋 등으로 흙을 찔러서 틈새를 꼼꼼하게 메운다.

17 흙이 깔끔하게 들어간 상태.

18 화장석은 아래쪽 배양토가 보이지 않을 때까지 넣는다.

19 화장석은 흙이 튀거나 잎이 더러워지는 것을 방지하고, 흙이 줄어들지 않게 막아준다.

case 4

기는줄기가 자라났을 때

다육식물에는 「기는줄기」라는 가는 줄기가 자라며 새싹이 나는 타입이 있다. 자생지에서는 자라난 기는 줄기 끝의 새싹이 지면에 닿아 뿌리를 내리고, 번식하는 구조다. 화분에서 재배하려면 기는줄기를 잘라서 심는 작업이 필요하다.

자지련화

오로스타키스속 p.77

기는줄기가 여러 개씩 자라고 마른 잎이 나는 등 모종이 약해져 있다.

↓

심은 후

기는줄기를 다시 심은 모습. 1번째 물주기는 1주일 후.

막도우갈리(그랍토페탈룸속 p.74)의 기는줄기를 심을 경우

1 자른 후의 기는줄기.

2 기는줄기에서 나와 있는 가는 줄기를 화분 안쪽을 향해 심으면 보기 좋게 완성된다.

꺾꽂이 ❹ 기는줄기를 잘라서 심기

1 기는줄기가 나와 있는 어미 모종의 잎 밑으로 줄기를 1cm 정도 남기고 자른다.

2 어미 모종의 형태를 깔끔하게 정리한 이미지를 떠올리며 기는줄기를 자른다.

3 자른 기는줄기는 마른 잎을 제거하고, 자른 면을 반음지에서 3일 정도 말린다.

4 마른 배양토에 기는줄기를 심는다. 핀셋을 사용하면 쉽다.

성장점을 떼서 번식시키기(아이오니움속 p.40)

1 아이오니움속에는 성장점을 떼면 새싹이 나는 것이 있다. 사진은 에메랄드 아이스(p.41).

2 중심 부분이 성장점이다. 윗부분을 잎째 제거한다.

3 반음지에 두고, 평소처럼 돌본다.

4 3달 후, 떼어낸 부분에서 여러 포기의 새끼 모종이 자랐다. 이것들을 떼서 꺾꽂이하면 모종을 번식시킬 수 있다.

case 5

잎과 줄기가 가늘고 약하게 자랐을 때

「웃자라기」는 줄기가 힘이 빠져 가늘고 약하게 자란 상태를 말한다. 웃자라면 모종이 약해지고 병해충, 추위, 더위에 대한 저항력이 떨어진다. 웃자란 모종은 원래대로 돌아오지 않으므로, 다시심기를 해야 한다.

을녀심

세둠속 p.81

줄기가 가늘고 약하게 자라 있다.

꺾꽂이 ❺ 웃자란 줄기를 재생시켜 다시심기

1 꽂기 쉬운 길이로 줄기를 자른다. 목질화한 줄기는 위쪽 녹색 부분에서 자른다.

2 줄기를 자른 모습. 원래의 어미 모종도 햇빛이 잘 드는 곳에 두면 싹이 난다.

3 다시 심었을 때의 모양을 상상하면서 손가락으로 가볍게 편다.

4 제거할 잎은 한 바퀴 돌리면서 밑으로 당기면, 줄기의 껍질이 벗겨지지 않게 제거할 수 있다.

5 잎을 정리한 줄기.

6 바구니 등에 꽂아, 자른 면을 건조시킨다.

7 1달 후_ 뿌리가 난 모습.

8 마른 배양토에 심는다. 첫 물주기는 1주일 후.

염일산

아이오니움속 p.40

줄기가 웃자란 경우에도 꺾꽂이로 다시심기하면 된다.

꺾꽂이 ❻ 웃자란 잎이나 줄기를 잘라 다시심기

1 적당한 위치에서 가지를 자른다. 어린 줄기 쪽이 뿌리가 나기 쉽다. 어미 모종에 가지를 남기면, 거기서도 싹트기를 기대할 수 있다.

2 자른 모습. 어미 모종의 잘린 면이 녹색인 점이 중요하다.

3 바구니 등에 꽂아, 자른 면을 건조시킨다.

4 1달 후_ 뿌리가 나기 시작한 모습.

5 화분에 마른 배양토를 넣고 심는다.

6 1번째 물주기는 1주일 후.

웃자라지 않게 키우는 방법

다육식물의 자생지는 햇빛이 차단되지 않는 곳이 대부분으로, 햇빛이 잘 들고 바람이 잘 통하는 환경이다. 기후환경이 다른 곳에서 재배할 경우, 되도록 자생지에 가까운 환경을 만드는 일이 중요하다. 「두는 장소의 기본」(p.20)에서 언급했듯, 비를 맞지 않고 바람이 잘 통하는 실외 장소에서 충분히 햇빛을 받으면 웃자라지 않고 건강하게 키울 수 있다. 계절마다 물주기와 온도관리에 유의하여, 잎과 줄기 상태를 확인하면서 재배하자.

case 6

코노피툼 & 리토프스 예쁘게 키우기

코노피툼과 리토프스는 새잎이 자라기 시작하면 오래된 잎이 시들고, 껍질이 벗겨지는 사이클을 반복하며 성장한다. 모종 주위에 오래된 잎이 남아있으면 모종이 손상하는 원인이 되므로, 타이밍을 봐서 제거하자.

치아앵

코노피툼속 p.120

새싹이 나고, 오래된 잎이 말라 있다.

겨울형

버섯 모양. 선명한 핑크색 꽃이 핀다.

탈피 껍질 제거하기

1 잎이 손상되지 않게 주의하면서 핀셋으로 시든 부분을 제거한다.

2 마른 꽃눈이 있으면 떼어낸다.

3 위로 단번에 빼내면 쉽게 제거된다.

4 탈피 껍질을 제거한 모습이다.

꽃눈 손질

다육식물은 붉은색, 핑크색, 흰색, 오렌지색, 노란색, 도트무늬 등 각양각색의 아름다운 꽃을 피운다. 꽃이 피는 방식도 독특하고 여러 가지다. 꽃을 감상한 다음 시들기 시작하면 꽃줄기를 빠르게 잘라낸다.

굵은 꽃줄기가 여러 개 자라서 꽃이 피는 다화성 품종은, 꽃이 모두 핀 다음 어미 모종 본체가 약해지기도 한다. 어미 모종의 성장을 촉진하고 싶다면, 꽃이 피지 않도록 꽃봉오리 안에서 자르는 것이 좋다.

1 보초.
(하워르티아속 p.99)

2 꽃줄기는 몇 ㎝ 남기고 자른다.

3 남은 줄기는 잠시만 지나면 시든다.

4 가볍게 잡아당기기만 해도 떨어질 정도가 되면 제거한다.

관리작업의 주의사항

시기	물주기
옮겨심기는 성장기 이전에 하는 것이 가장 좋으며, 봄가을이 적절하다. 옮겨심기할 때 뿌리 청소도 하므로, 성장기에 뿌리를 자르는 일은 드물다. 어쩔 수 없이 생육기에 옮겨심기할 경우 뿌리가 허물어지지 않도록 주의한다.	자른 꺾꽂이순, 새끼 모종, 잎은 뿌리가 날 때까지 물을 줄 필요가 없다. 뿌리가 난 다음, 배양토에 심은 후에도 당분간 물을 주지 않는다. 심고 나서 약 1주일 후부터 물을 준다.

도구 살균

관리작업 전후로 가위나 핀셋 등 사용하는 도구를 살균한다. 특히 가위가 중요하다. 자른 면을 통해 잡균이 감염되는 것을 막기 위해, 작업 전후뿐 아니라 품종을 바꿀 때마다 반드시 살균해야 한다. 알코올 소독이 편하다.

사진은 가위를 소독하지 않고 잘라서 잡균이 들어가 버린 예다. 꽃대가 상하고 잎이 구겨져 있다.

관리 장소

꺾꽂이, 잎꽂이를 한 후에는 자른 면을 충분히 건조시키는 일이 중요하다. 바람이 잘 통하는 반음지에 둔다.

자른 면이 잘 마르도록 둔다.

Measures
against
pests
and
diseases

다육식물 병해충 대책

다육식물을 병해충으로부터 지키려면 각각의 생육형에 맞게 관리하는 일이 중요하다. 관리할 때는 주의 깊게 관찰하여 이상이 있는지 재빨리 파악해야 한다.

예방과 조기발견이 중요

병해충은 예방과 조기발견이 중요하다. 적당한 햇빛을 받고 바람이 통하도록 관리하는 것이 기본이지만, 강한 햇빛이나 지나친 물주기도 주의가 필요하다.
작업 중에 가위 등을 통해 바이러스에 감염되지 않도록, 작업 전후로 도구를 알코올 살균하는 일도 잊지 않도록 한다.

주요 해충

패각충

흡즙성 해충으로 몸길이가 몇 mm이다. 하얀 솜 모양, 밀랍 모양 등의 종류가 있다. 발견하면 부드러운 솔로 긁어내고, 패각충에 맞는 약재를 뿌린다.

하얀 패각충이 붙어있다.

민달팽이

화분 밑에 숨어서 밤에 해충을 잡아먹는다. 소금으로 제거하는 방법은 식물에 해로우므로 피한다. 전용 구제제가 효과적이다.

진딧물

흡즙성 해충으로, 번식력이 강하므로 발견하면 많아지기 전에 제거한다. 시판 살충제가 효과적이며, 소독용 알코올을 1/2로 희석하여 사용해도 좋다.

진드기

흡즙성 해충으로 봄에 따뜻해지면 나타난다. 물을 세게 뿌려 제거할 수도 있지만, 진드기에 맞는 약제를 살포하는 편이 효과적이다.

관리 장애

그을음, 엽소현상

강한 직사광선을 장시간 받거나, 온실이나 실내에 둔 모종을 갑자기 실외로 꺼내어 햇빛을 받으면, 잎이 말라 검게 변하는 엽소현상이 일어난다. 증상이 심해지면 흔적이 남거나 부패의 원인이 되기도 한다.
햇빛이 강한 계절에는 차광망으로 햇빛을 완화하거나 밝은 음지로 옮긴다. 실내에서 밖으로 꺼낼 때는 서서히 옮기는 것이 중요하다.

뿌리썩음병

화분 속에 뿌리가 가득차거나, 물을 너무 많이 줘서 화분 속이 장기간 다습해지면, 뿌리가 썩고 이것이 줄기에서 잎으로 번진다. 발견했다면 썩은 부분을 완전히 제거하고, 자른 면과 뿌리를 건조시킨 다음 뿌리가 날 때까지 기다린다. 뿌리가 나면 건조한 새 흙에 심는다.

약제의 예

베니카 마일드 스프레이
(스미토모화학원예)

진딧물, 진드기, 가루이 등에 효과가 있다. 식품 성분으로 만들어진 약제이므로 사용이 편하다.

오트란 DX 입제
(스미토모화학원예)

진딧물, 귤가루깍지벌레, 풍뎅이 등에 효과적이다. 흙 속 해충도 동시에 제거한다.

알바린(아그로카네쇼)

가루이류, 굴파리류, 진딧물류, 총채벌레류 등 광범위한 해충에 효과적이다. 할로겐이 들어있지 않은 네오니코티노이드 계열 약제.

주요 질병

그을음곰팡이병

식물의 잎이나 줄기가 그을음 같은 검은 곰팡이로 덮이는 병이다. 처음에는 검은 점 정도로 나타나지만, 점차 잎이나 줄기 전체에 퍼져 광합성을 저해하면서 생육을 억제한다. 곰팡이의 원인은 대부분 부생균으로, 진딧물이나 패각충이 분비한 배설물을 좋아한다. 곰팡이가 자체가 식물에 생기는 것이 아니라, 해충의 배설물에 생겨서 발생하는 병이다. 그을음곰팡이병을 발생시키지 않으려면, 해충을 발견했을 때 재빨리 구제해야 한다. 햇빛이 잘 들고 바람이 잘 통하는 환경에 두며, 잎과 가지가 무성해지면 다시심기와 옮겨심기로 예방할 수 있다.

연부병

줄기나 뿌리 등 식물의 상처에 세균이 들어가 발생한다. 예를 들어 해충이 잎을 갉아먹은 부분에 세균이 침입, 번식하면 부패하여 시들고, 악취를 풍긴다. 세균이 침입한 모종에 사용했던 가위를, 그대로 다른 모종에 사용하여 감염되는 경우도 있다.
연부병을 막으려면 다음 4가지가 중요하다. ① 발견 즉시 그 부분을 잘라내고, ② 가위, 칼, 핀셋 등을 청결하게 관리하고, ③ 바람이 잘 통하거나 햇빛이 잘 드는 등 균이 번식하기 어려운 환경을 만들고, ④ 다시심기 등의 작업은 맑은 날에 실시한다.

3

인기 다육식물 사전

전 세계에 분포하는 다육식물은 60~70가지의 과가 있으며

원예종과 변종 등을 포함하면 2만 품종 이상이 된다고 알려져 있다.

품종개량은 날마다 진행되어 새로운 품종이 계속 탄생하고 있다.

여기서는 그런 다육식물 중에서 총 715종을 엄선하여 소개한다.

꾸준히 사랑받는 품종과 인기 품종 외에 희귀 품종까지,

각각 생육형과 재배 요령 등을 정리했다.

Aeonium

아이오니움

돌 나 물 과

원산지 카나리아제도, 북아프리카 일부	재배 편이성 ★★☆	겨울형(일부 봄가을형)

물주기 봄, 가을, 겨울에는 흙이 마르면 듬뿍 준다. 한겨울에는 적게 준다. 여름에는 1달에 몇 번 적은 양을 준다.

특징

비가 적은 지역에서 건조한 환경에 견딜 수 있게 진화한 품종이다. 줄기 끝에 꽃처럼 로제트 모양으로 잎이 나는 것이 특징이며, 직립성이 있어 계속 위로 성장한다. 잎 색깔은 밝은 녹색, 붉은색, 흑자색, 연노란색 반점이 들어간 것 등 다양하다.

재배 요령

여름철 더위와 햇빛에 약하다. 강한 햇빛을 받으면 엽소현상이 일어날 수 있으므로, 여름에는 처마밑이나 나무 그늘처럼 바람이 잘 통하는 반음지에 둔다. 겨울에 1℃를 밑돌면 햇빛이 잘 드는 실내로 옮긴다.

염일산

Aeonium arboreum 'Luteovariegatum'

겨울형

10cm

연노란색 복륜반이 아름다워 아르보레움 계열 중에서도 인기가 많은 품종이다. 중형으로 50cm 정도까지 자란다.

벨루어

Aeonium arboretum 'Velour'

겨울형

13cm

별명 캐시미어 바이올렛. 흑법사와 향로반의 교배종으로, 흑법사와의 차이점은 잎끝이 둥글다는 것이다. 따뜻한 지역은 북풍을 맞지 않는 실외에서 재배가 가능하다.

흑법사

Aeonium arboretum 'Zwartkop'

겨울형

12cm

윤기 나는 자흑색 잎이 매력적이다. 한겨울 추위에 약하므로 1℃를 밑돌면 햇빛이 잘 드는 실내로 옮긴다.

초콜릿 팁

Aeonium 'Chocolate Tip'

겨울형

12cm

작게 로제트 모양으로 나는 잎이 귀엽다. 한겨울이 오면 초코칩 같은 도트 무늬가 드러난다.

카퍼 케틀
Aeonium 'Copper Kettle'

겨울형

7 cm

영어 이름 「Copper Kettle(구리 주전자)」로 잎 색깔을 짐작할 수 있다. 내한성이 있어서, 따뜻한 지역은 북풍을 맞지 않는 실외에서 재배 가능하다.

석영애
Aeonium decorum f. *variegata*

겨울형

11 cm

계절에 따라 변하는 잎 색깔이 아름답다. 새싹은 연노란색이며, 성장기에 잎 가장자리가 붉은색으로 변한다. 추위에 약하므로 겨울에는 실내로 옮긴다.

애염 무늬종
Aeonium domesticum f. *variegata*

겨울형

11 cm

반점이 많은 아이오니움 중에서도 인기가 많은 품종이다. 여름에는 반음지에 두어 엽소현상을 막는 것이 좋다.

에메랄드 아이스
Aeonium 'Emerald Ice'

겨울형

8 cm

황록색 잎 가장자리에 연한 흰색 반점이 있다. 가지런한 로제트 모양의 잎이 아름다우며, 단풍이 잘 들지 않는다.

소인제
Aeonium sedifolium

겨울형

8 cm

학명은 「세둠 같은 잎」이란 뜻이다. 통통한 잎이 군생하며, 휴면기인 여름에도 흙이 마르면 물을 준다.

희명경
Aeonium tabuliforme var. *minima*

겨울형

12 cm

습기를 싫어하므로 다른 다육식물보다 바람이 잘 통하도록 신경써야 한다. 물은 1달에 1~2번, 흙 표면이 촉촉해질 정도로 준다.

Adromischus
아드로미스쿠스

돌 나 물 과

원산지 남아프리카, 나미비아 등	재배 편이성 ★★☆	봄가을형

물주기 기본적으로 흙이 마르면 듬뿍 준다. 여름에는 단수하고, 겨울에는 물을 적게 준다.

특징
볼록하게 부푼 잎, 개성적인 무늬와 형태가 매력적이다. 높이 10cm 정도의 소형종이 많고 성장이 느린 편이다. 잎 모양이나 색이 생육환경에 따라 달라진다. 잎이 잘 떨어지지만 떨어진 잎을 흙에 꽂아 두면 쉽게 뿌리가 난다.

재배 요령
건조한 사막지대에 자생하므로 1년 내내 거의 건조하게 키운다. 휴면하는 여름철에는 특히 주의가 필요하므로 직사광선을 피하고 단수한다. 추위에도 약하여, 겨울에 5℃를 밑돌면 햇빛이 잘 드는 실내로 옮긴다.

볼루시
Adromischus bolusii

봄가을형
8cm

두꺼운 잎에 난 얼룩무늬가 단풍철이 되면 새빨갛게 물든다. 천천히 자라는 타입이다.

코오페리
Adromischus cooperi

봄가을형
8cm

잎이 두툼하고 끝부분이 물결 모양이며, 반점이 난 것이 특징이다. 소형종인 달마 코오페리는 잎이 둥글다.

크리스타투스
Adromischus cristatus

봄가을형 8cm

별명 영락. 반점이 없고 잎의 끝부분이 물결 모양인 것이 특징이다. 성장하면 줄기에 작은 공기뿌리가 발생한다.

신상곡
Adromischus cristatus var. *clavifolius*

봄가을형 8cm

잎끝이 주걱 모양으로, 성장하면 털이 수북한 줄기가 자라나고 직립성을 띤다.

인디언 클럽
Adromischus cristatus 'Indian clubs'

봄가을형 8cm

고대부터 전해 내려오는 운동기구 「인디언 클럽」과 모양이 비슷하다. 여름철 고온다습한 환경에 약하다.

필리카울리스
Adromischus filicaulis

봄가을형

8cm

연두색 잎에 알록달록한 적자색 반점이 있다. 여름에는 반음지에 두거나 차광하고, 봄가을에는 햇빛이 잘 들게 한다.

송충
Adromischus hemisphaericus

봄가을형

8cm

끝이 완만하면서 뾰족한 타원형 잎이 많이 난다. 잎이 잘 떨어지고, 뿌리가 나서 자라는 경우도 많다.

브라이언 마킨
Adromischus marianiae 'BRYAN MAKIN'

봄가을형

8cm

녹색 잎에 갈색 반점으로 아드로미스쿠스다운 무늬를 가진다. 잎이 작으며, 성장하면 줄기가 직립성을 띤다.

헤레이 레드 도리안
Adromischus marianiae var. *herrei* 'Red Dorian'

봄가을형

10cm

적갈색이 섞인 울퉁불퉁한 잎이 인상적이며, 성장속도가 느리다. 한여름, 한겨울에는 거의 단수한다.

안티도르카툼
Adromischus marianiae var. *antidorcatum*

봄가을형

8cm

볼록한 잎에 아드로미스쿠스다운 적갈색 얼룩무늬가 독특하다.

트리기누스
Adromischus trigynus

봄가을형

8cm

넓고 큰 연두색 잎에 난 갈색 반점은 아드로미스쿠스만의 개성이다. 잎이 잘 떨어지므로 옮겨심기 할 때 조심한다.

Echeveria

에케베리아

돌나물과

원산지 멕시코와 중미 고지대	재배 편이성 ★★★	봄가을형

물주기 모종 중심에 물이 남으면 잎이 상하므로 에어블로워(p.25) 등으로 물기를 날린다. 겨울에 0℃ 이하가 되면 거의 단수한다.

특징	**재배 요령**
장미꽃 같은 로제트 모양으로 정돈된 잎 모습이 특징이다. 테두리가 있는 등 잎의 색과 모양이 다양하고 아름다워 인기 있는 품종이다. 늦가을~봄에 단풍이 드는 품종이 많다. 원종부터 교배종까지 종류도 다양하다.	자생지의 평균 최고기온이 25℃로, 고온다습한 여름에 약하다. 햇빛을 받는 것도 중요하지만, 여름에는 반음지로 옮기거나 차광망, 선풍기 등을 이용하여 되도록 시원한 환경을 만들면 좋다.

아피니스

Echeveria affinis

봄가을형

8cm

세련되고 진한 적자색 잎이 인기다. 여름철 자외선에 약하므로 반음지에서 키운다. 진홍색의 아름다운 꽃이 핀다.

아가보이데스 × 풀리도니스

Echeveria agavoides × pulidonis

봄가을형

12cm

두꺼운 주걱 모양으로 잎끝 주변에 붉은 테두리가 있다. 아가보이데스와 풀리도니스의 교배종이다.

에보니 × 멕시컨 자이언트

Echeveria agavoides 'Ebony' × 'Mexican Giant'

봄가을형

10cm

아가보이데스의 변종 에보니와 멕시컨 자이언트의 교배종. 잎끝의 손톱이 날카롭다.

알바 뷰티

Echeveria 'Alba Beauty'

봄가을형

8cm

조금 푸른빛이 도는 연두색으로, 둥근 잎이 고급스러운 느낌을 준다. 한국에서 교배한 인기 품종.

알프레드
Echeveria 'Alfred'

`봄가을형` `8cm`

핑크빛 손톱에 잎 표피가 투명해 보인다. 황홀한 연꽃(p.55)과 알비칸스(albicans)의 교배종이다.

알레그라
Echeveria 'Allegra'

`봄가을형` `8cm`

잎 가장자리가 안쪽을 향하며, 로제트 모양으로 줄지어 있는 모습이 빈틈없는 인상을 준다. 다습한 환경에 주의가 필요하다.

아푸스
Echeveria 'Apus'

`봄가을형` `10cm`

황홀한 연꽃(p.55)과 린제아나의 교배종답게 붉은 테두리가 있다.

아리엘
Echeveria 'Ariel'

`봄가을형` `8cm`

둥그스름하고 핑크빛이 도는 연두색 잎이 특징이다. 단풍이 들면 전체가 핑크색으로 물든다.

오텀 플레임
Echeveria 'Autumn Flame'

`봄가을형` `15cm`

잎 밑동의 녹색~진한 와인레드 그러데이션이 매력적이다. 잎은 물결 모양이다.

아보카도 크림
Echeveria 'Avokado Cream'

`봄가을형` `8cm`

볼록하게 두께감이 있고, 핑크빛 볼연지를 바른 듯한 잎이 귀여워 인기 있는 품종이다.

밤비노
Echeveria 'Bambino'

`봄가을형`

`15cm`

교배원종의 하나인 라우이(p.52)의 특징을 이어받은, 하얀 파우더가 뿌려진 듯한 잎과 연분홍색 꽃이 아름답다.

바론 볼드
Echeveria 'Baron Bold'

`봄가을형` `11cm`

잎 위로 돌기가 생기는 타입이다. 단풍의 붉은색과 진한 녹색, 돌기가 뒤섞인 잎이 묘한 매력을 발산한다.

벤 바디스
Echeveria 'Ben Badis'

`봄가을형` `8cm`

잎끝의 손톱과 잎 뒷면에 난 반점의 희미한 붉은빛이 예쁘다. 보통 새끼치기하며 군생한다.

미니왕비황
Echeveria 'Bini-ouhikou'

봄가을형 8㎝

붉은색 손톱과 윤기 나는 잎이 특징이다. 줄기가 없으므로, 모종이 습기와 열기로 짓무르지 않게 물은 주변 흙에 준다.

블루 클라우드
Echeveria 'Blue Cloud'

봄가을형 10㎝

하얀 가루로 덮인, 푸른 빛을 띤 흰 잎이 고급스러운 인상을 준다. 물은 잎에 닿지 않도록 주변 흙에 준다.

블루 오리온
Echeveria 'Blue Orion'

봄가을형 8㎝

푸른빛이 도는 잎 색깔과 테두리, 붉은색 손톱의 대비가 아름다운 인기 품종의 하나다.

블루 스카이
Echeveria 'Blue Sky'

봄가을형 8㎝

하늘을 우러러보는 듯한 로제트 모양이 산뜻한 인상을 준다. 붉은 테두리가 멋진 시리즈의 하나.

블루 선더
Echeveria 'Blue Thunder'

봄가을형 10㎝

하얀 가루로 덮인, 박력 있는 로제트 모양은 멕시컨 자이언트 교배종만의 자랑이다.

브라운 로즈
Echeveria 'Brown Rose'

봄가을형 8㎝

잔털로 덮인 두꺼운 잎을 가졌다. 줄기가 없으므로, 모종이 습기와 열기로 짓무르지 않게 물은 주변 흙에 준다.

캐리비안 크루즈
Echeveria 'Caribbean Cruise'

봄가을형 8㎝

잎 가장자리가 붉은색을 띠는 타입으로, 잎 위에 물방울이 남아있으면 에어블로워로 날린다.

체리 퀸
Echeveria 'Cherry Queen'

봄가을형 10㎝

잎이 연한 핑크빛의 미묘한 색조를 띤다. 하얀 가루가 떨어지지 않도록 물은 주변 흙에 준다.

크림슨 타이드
Echeveria 'Crimson Tide'

봄가을형 14㎝

큰 잎이 프릴처럼 물결치는 모습이다. 단풍이 드는 품종으로 관리작업은 p.53을 참조한다.

크리스마스 이브
Echeveria 'Christmas Eve'

봄가을형　8㎝

녹색 잎에 가장자리가 붉다. 이름처럼 크리스마스를 연상시키는 색조를 띤다. 모아심기에 악센트를 준다.

크로마
Echeveria 'Chroma'

봄가을형　8㎝

소형 로제트 모양을 만들며, 줄기는 직립성이다. 잎이 탄력 있고 단단하며, 계절에 따라 반점이 생긴다.

클라라
Echeveria 'Clara'

봄가을형　8㎝

볼록한 연두색 잎이 가지런히 줄지어 있다. 단풍이 들면 연한 적자색으로 물든다.

클라우드
Echeveria 'Cloud'

봄가을형　8㎝

잎 가장자리가 뒤로 젖혀진 품종의 하나다. 하얀 가루로 뒤덮인 크림그린색 잎이 인기가 많다.

클라우드(석화)
Echeveria 'Cloud' f. *monstrosa*

봄가을형　8㎝

화분에서 오른쪽 모종이 석화되었다.

크리스탈 랜드
Echeveria 'Crystal Land'

봄가을형　10㎝

크리스탈과 멕시컨 자이언트의 교배종이다. 빈틈없는 형태는 어느 쪽 유전자일까?

COLUMN

석화(石化, monstrosa)와 철화(綴化, cristata)

석화
에케베리아 「클라우드」. 성장점에서 분구를 반복하고 있음을 알 수 있다.

철화
유포르비아 「춘봉(락테아 크리스타타)」. 락테아는 백화품종의 모습이 일반적이다(p.111).

식물에 일어나는 「대화」라는 현상이 있다. 성장점의 조직에 일종의 돌연변이가 일어나, 본래의 규칙이 아닌 방법으로 분열과 증식을 반복하면서, 일반적인 상태와 크게 다른 불가사의한 형태로 변하는 현상이다. 쉬운 예로, 민들레가 기형적으로 성장한 「도깨비 민들레」를 주변에서 찾아볼 수 있다.

다육식물은 대화가 자주 일어나는데, 대화에는 「석화」와 「철화」가 있다. 석화는 분구를 반복하면서 로제트를 형성하기도 한다. 철화는 성장점이 1점이 아니라, 띠 모양으로 성장해 가는 경우가 많다. 학명은 「석화」는 monstrosa, 「철화」는 cristata로 표기한다.

큐빅 프로스트
Echeveria 'Cubic Frost'

`봄가을형` `10cm`

두꺼운 잎이 뒤로 젖혀진 타입. 하엽이 쉽게 시들어서, 곰팡이가 피기 전에 제거하는 것이 좋다.

큐빅 프로스트(철화)
Echeveria 'Cubic Frost' f. *cristata*

`봄가을형` `10cm`

분열, 증식한 부분이 어딘지 모를 정도로 독특하게 변형된 철화.

쿠스피다타
Echeveria cuspidata

`봄가을형` `8cm`

다화성이다. 꽃이 모두 피면 약해지므로, 꽃봉오리 속 꽃눈 몇 개를 잘라낸다.

핑크 자라고사
Echeveria cuspidata var. 'Pink Zaragosa'

`봄가을형` `10cm`

크리미한 녹색에서 잎끝의 핑크로 색이 변해가는 그러데이션이 사랑스럽다.

자라고사 하이브리드
Echeveria cuspidata var. *zaragozae* hyb.

`봄가을형` `8cm`

금세 가늘게 자라난 손톱이 은은하게 붉은빛을 띤다. 에케베리아답게 사랑스러운 오렌지색 꽃이 핀다.

데비
Echeveria 'Debbi'

`봄가을형` `8cm`

이런 잎 색깔은 패각충이 붙기 쉬우므로 주의한다. 겨울에는 진한 핑크색 단풍이 든다.

정야
Echeveria derenbergii

`봄가을형` `8cm`

고급스러운 색에 가지런한 로제트 모양이다. 소형 에케베리아의 대표 품종이며, 많은 교배종의 원종으로 유명하다.

데렌세아나
Echeveria 'Derenceana'

`봄가을형` `10cm`

고급스러운 분위기가 나며, 같은 교배원종에서 생겨난 자매 품종「로라」와 비슷하다.

데로사
Echeveria 'Derosa'

`봄가을형` `8cm`

윤기 나는 잎이 특징이다. 줄기가 없고 군생하는 타입이므로, 모종이 습기와 열기로 짓무르지 않게 주의한다.

딕스 핑크
Echeveria 'Dick's Pink'

봄가을형 | 11㎝

펼쳐지지 않고, 힘있게 위로 자라는 큰 프릴 모양의 잎이다. 햇빛을 충분히 받으면 보기 좋게 자란다.

돈도
Echeveria 'Dondo'

봄가을형 | 10㎝

통통한 잎 뒤로 희고 미세한 털이 있다. 잎이 촘촘하게 나므로 물은 긴 노즐 물뿌리개로 준다.

더스티 로즈
Echeveria 'Dusty Rose'

봄가을형 | 8㎝

겨울이 되면 이름 그대로 어두운(dusty) 보라색 단풍이 든다. 여름에는 어두운 녹색으로 돌아온다.

엘레강스
Echeveria elegans

봄가을형 | 10㎝

별명 월영. 잎 가장자리가 반투명으로 비치는 듯 아름답다. 많은 교배종의 원종으로 이용하고 있다.

포토시나
Echeveria elegans potosina

봄가을형 | 8㎝

별명 성영. 분류상 엘레강스와 같은 품종이다. 엘레강스는 변종이 많은데, 포토시나도 그중 하나다.

엘레강스 블루
Echeveria 'Elegans Blue'

봄가을형 | 11㎝

줄기가 계속 위로 성장하는 직립성이다. 웃자라기 쉬우므로 햇빛을 충분히 받도록 재배한다.

이그조틱
Echeveria 'Exotic'

봄가을형 | 8㎝

교배원종인 라우이(p.52)와 톱시 투르비(Topsy Turvy)의 특징을 겸하며, 잎 가장자리가 뒤로 젖혀져 있다.

파비올라
Echeveria 'Fabiola'

봄가을형 | 10㎝

잎이 단단한 로제트 모양으로, 튼튼하여 키우기 쉽다. 대화금과 정야(p.48)의 교배종.

한조소
Echeveria fasciculata

봄가을형 | 11㎝

겨울~봄에 단풍이 멋지게 든다. 에케베리아 중에는 대형으로 50㎝ 정도까지 성장한다.

피오나
Echeveria 'Fiona'

봄가을형 **12cm**

하얀 가루로 덮인, 적갈색 잎이 난다. 주렁주렁 달려서 피는 꽃이 사랑스럽다. 물은 주변 흙에 준다.

파이어 립스
Echeveria 'Fire Lips'

봄가을형 **8cm**

겨울~봄에 잎끝이 새빨갛게 단풍이 든다. 모아심기를 해도 아름답다. 여름철 더위에 약하다.

파이어 필러
Echeveria 'Fire Pillar'

봄가을형 **8cm**

둥글게 휜 잎이 겨울~봄에 붉게 단풍이 든다. 단풍은 가을 햇빛과 비료가 포인트다.

플뢰르 블랑
Echeveria 'Fleur Blanc'

봄가을형 **8cm**

잎이 투명해 보이는 녹색이다. 겨울이 되면 손톱이 핑크색으로 변해서 더욱 사랑스러운 인상을 준다.

자이언트 블루
Echeveria 'Giant Blue'

봄가을형 **12cm**

추워지면 핑크색 가장자리의 색이 진해진다. 우아하고 화려한 프릴을 가진 에케베리아로 인기 품종이다.

자이언트 블루(철화)
Echeveria 'Giant Blue' f. *cristata*

봄가을형 **12cm**

철화와 석화가 섞여 있는 독특한 모종이다. 철화가 멋지게 일어나 있다

길바의 장미
Echeveria 'Gilva-no-bara'

봄가을형 **8cm**

뾰족한 진홍색 손톱이 인상적이다. 소형 품종으로 모아심기할 때 색이 악센트가 된다.

고르곤즈 그로토
Echeveria 'Gorgon's Grotto'

봄가을형
14cm

줄기가 직립성이며, 잎끝이 붉게 물들고 프릴과 돌기가 있다. 다육식물의 여러 특징이 합쳐진 독특한 모습이다.

구스토
Echeveria 'Gusto'

봄가을형 **8cm**

두꺼운 잎이 가득한 로제트 모양이다. 모종이 습기와 열기로 짓무르지 않게 물주기에 주의한다.

백봉
Echeveria 'Hakuhou'

봄가을형 10㎝

연한 연두색과 가장자리의 핑크색이 넓은 잎에서 돋보인다. 팔리다(Pallida)×라우이 (p.52)의 교배종이다.

화상부련
Echeveria 'Hana-no-soufuren'

봄가을형 8㎝

추워지면 단풍이 들고, 봄에는 노란 꽃이 핀다. 다화성이므로 꽃눈을 알맞게 따면 좋다.

화월야
Echeveria 'Hanazukiyo'

봄가을형 10㎝

국화꽃처럼 펼쳐지는 로제트 모양이 아름답다. 1포기로도 키우는 즐거움을 느낄 수 있고, 모아심기에도 잘 맞는다.

헤라클레스
Echeveria 'Heracles'

봄가을형 10㎝

그리스신화 속 영웅의 이름을 가졌으며, 사랑스러운 노란색 꽃이 핀다.

후밀리스
Echeveria humilis

봄가을형 8㎝

잎의 가장자리가 반투명해서 아름다운 품종이다. 모아심기를 고급스럽게 마무리하고 싶을 때 활용한다.

히알리나
Echeveria hyalina

봄가을형 8㎝

엘레강스의 변종으로 알려졌으나, 2017년에 원종으로 재인정받은 품종이다. 예전 이름은 히알리아나.

아이리시 민트
Echeveria 'Irish Mint'

봄가을형 8㎝

정야(p.48)와 톱시 투르비의 교배종. 단풍이 들지 않고, 1년 내내 민트그린색을 유지한다.

아이보리
Echeveria 'Ivory'

봄가을형 7㎝

밝은 파스텔그린색의 두꺼운 잎이 사랑스럽다. 새끼 모종이 많이 나오며 군생한다.

조안 다니엘
Echeveria 'Joan Daniel'

봄가을형 8㎝

잎 표면에 미세한 털이 있어 벨벳처럼 윤기가 난다. 잎이 습기와 열기로 짓무르기 쉬우므로 물은 주변 흙에 준다.

주피터
Echeveria 'Jupiter'

봄가을형　8cm

리본을 묶어 놓은 듯한 분위기가 사랑스럽다. 하얀 가루가 있어서 물을 줄 때 주의한다.

케셀의 장미
Echeveria 'Kessel-no-bara'

봄가을형　8cm

No.15라는 수수께끼의 원종을 가진 품종으로 신비로운 분위기가 난다. 단풍이 들면 오렌지색으로 변한다.

라우이
Echeveria laui

봄가을형　10cm

하얀 가루가 온몸을 덮은 모습이 마치 하얀 에케베리아 여왕 같다. 많은 교배종의 원종이기도 하다.

라우린제
Echeveria 'Laurinze'

봄가을형　10cm

성장하면 25cm 정도 된다. 하얀 가루는 라우이의 유전적 특성이며, 고급스러운 색의 단풍이 아름답다.

린다 진
Echeveria 'Linda Jean'

봄가을형　10cm

단풍이 들었을 때 보라색 잎이 인상적이다. 여름에는 연한 연보라색으로 변한다. 직사광선에 약하므로 여름에는 반음지로 옮긴다.

린제아나×멕시컨 자이언트
Echeveria lindsayana × 'Mexican Giant'

봄가을형　8cm

콜로라타(colorata)의 변종 린제아나와 멕시컨 자이언트의 교배종으로, 존재감 있는 모습이다.

로라
Echeveria 'Lola'

봄가을형　8cm

셔벗톤의 녹색 잎이 아름답다. 새끼 모종이 나오며 군생한다. 데렌세아나(p.48)와 자매 교배종이다.

루팡
Echeveria 'Lupin'

봄가을형　8cm

라우이의 유전적 특성인 흰 표피와 가장자리의 핑크색이 고급스럽다. 하엽이 시들기 시작하면 바로 제거한다.

막도우갈리
Echeveria macdougallii

봄가을형　9cm

가지 끝에 4cm 정도 크기의 로제트가 있다. 겨울에는 단풍이 들어 잎끝이 붉어진다. 모아심기에 악센트를 준다.

미니벨
Echeveria 'Minibelle'

봄가을형 | 8cm

20~30cm 높이의 나무 모양으로 자란다. 겨울에 단풍이 들어 잎끝이 붉어진다. 꽃은 오렌지색이다.

모모타로
Echeveria 'Momotarou'

봄가을형 | 10cm

이 품종의 이름이 모모타로(복숭아에서 태어났다는 일본 동화의 주인공)인 이유는 진홍색 손톱 때문일까.

문가드니스
Echeveria 'Moongadnis'

봄가을형 | 8cm

별명 직녀. 황홀한 연꽃(p.55)과 정야(p.48)의 교배종이다. 짧은 줄기에 새끼가 나며 군생한다. 에스더 등의 별명도 있다.

모산
Echeveria 'Mosan'

봄가을형 | 8cm

날씨가 추워지면 핑크색 단풍이 드는 둥근 잎사귀와, 가지런한 로제트 모양으로 인기 있는 품종이다. 꽃은 노란색.

자일산
Echeveria 'Murasakihigasa'

봄가을형 | 8cm

작은 로제트가 줄기 끝에 형성되며, 줄기는 직립성이다. 단풍철에는 오렌지색이 된다.

COLUMN

예쁜 단풍잎을 만들려면

다육식물에 단풍이 든 모습은 에케베리아, 크라슐라 등 봄가을형에서 흔히 볼 수 있다. 독특한 점은, 단풍이 든 후 낙엽이 지지 않은 상태에서 색이 원래대로 돌아온다는 것이다. 색의 변화를 감상하기 위해 필요한 것은 「비료」, 「햇빛」, 「온도」이다.

- 가을 비료를 주지 않는다(→p.26 「생육형 유형별 관리작업 캘린더」 참조).
- 9월 23일 무렵부터 초봄까지 실외에 두어, 햇빛을 잘 받게 한다.
- 단풍이 잘 들려면 추워야 하므로 기본적으로 실외에 계속 내놓지만, 0℃를 밑도는 날에는 햇빛이 잘 드는 실내로 옮긴다.

봄에 날씨가 따뜻해지면, 잎 색깔이 조금씩 녹색으로 돌아온다. 3월과 5월에는 비료를 준다.

단풍이 든 크라슐라(화제).

저몽
Echeveria 'Nagisa-no-yume'

봄가을형 | 10cm

잎에 미세한 털이 나 있다. 잎에 물이 남으면 쉽게 상한다. 세토사 미노르(p.58)의 교배종이다.

들장미의 정령
Echeveria 'Nobara-no-sei'

봄가을형 | 8cm

1년 내내 잎 색깔이 변하지 않고, 겨울에는 손톱에 붉게 단풍이 든다. 잎꽂이로 잘 번식한다.

노바히네리아나 × 라우이

Echeveria 'Novahineriana' × *laui*

봄가을형 　 8cm

작고 붉은 손톱이 사랑스러운, 하얀 에케베리아. 보통 포기나누기하여 군생한다.

올리비아

Echeveria 'Olivia'

봄가을형 　 10cm

윤기 나는 잎에 뾰족한 붉은 손톱이 있다. 그 랍토베리아속으로 보는 견해도 있다.

사출로

Echeveria 'Omoide-tsuyu'

봄가을형 　 8cm

상부련과 데로사(p.48)의 교배종. 겨울에는 새빨갛게 단풍이 들어서, 모아심기의 악센트로 가장 적합한 품종이다.

온슬로

Echeveria 'Onslow'

봄가을형 　 8cm

청포도색 잎은 겨울에 핑크색 단풍이 든다. 꽃도 핑크색과 오렌지색이 함께 있어 사랑스럽다.

오리온

Echeveria 'Orion'

봄가을형 　 10cm

많이 유통되는 품종이지만 교배원종이 불분명한 에케베리아 중 하나다. 은은한 핑크색 잎이 특징이다.

오세인

Echeveria 'Ossein'

봄가을형 　 8cm

녹색 잎에 선명한 붉은 테두리의 대비가 아름다운 품종이다. 잎이 촘촘하게 나므로 다습한 환경에 주의한다.

피치 프라이드

Echeveria 'Peach Pride'

봄가을형 　 8cm

둥글고 큰 잎은 단풍이 들면 복숭아색이 되어, 이름대로 복숭아(피치)처럼 보인다. 귀엽고 사랑스러운 에케베리아다.

피치스 앤 크림

Echeveria 'Peaches and Cream'

봄가을형 　 10cm

평평하고 둥근 잎에 핑크색 테두리가 있다. 사랑스러운 분위기 속에서 조금 차분함을 주는 타입이다.

피치몬드

Echeveria 'Peachmond'

봄가을형 　 8cm

세련된 형태와 윤기 있는 머스캣그린색이 고급스러운 분위기를 자아낸다.

섭세실리스
Echeveria subsessilis

봄가을형　10㎝

청회색 잎은 1년 내내 거의 변화가 없고, 가장자리에 살짝 핑크색 단풍이 든다.

펄 폰 뉘른베르크
Echeveria 'Perle von Nürnberg'

봄가을형　10㎝

겨울이 되면 더욱 진한 퍼플핑크색으로 물든다. 위로 자라므로 몸통자르기하여 정리하는 것이 좋다.

피오리수
Echeveria 'Piorisu'

봄가을형　10㎝

차분한 색조이지만 겨울이 되면 핑크색 단풍이 든다. 15㎝ 정도의 로제트로 성장한다.

픽시
Echeveria 'Pixi'

봄가을형　10㎝

작은 청록색 잎이 가득한 소형 에케베리아. 군생하므로 다습한 환경에 주의한다.

프리토리아
Echeveria 'Pretoria'

봄가을형　8㎝

단풍철에는 잎끝의 손톱과 그 주변이 핑크색으로 물들어, 사랑스러운 인상을 준다.

숲의 요정
Echeveria pringlei var. *parva*

봄가을형　12㎝

초겨울 단풍철에 잎끝은 진한 붉은색으로, 꽃은 오렌지색으로 변하는 모습을 모두 감상할 수 있다. 로제트는 작다.

프리즘
Echeveria 'Prism'

봄가을형　8㎝

중심부로 갈수록 촘촘하게 잎이 겹쳐지고, 바깥으로 점점 펼쳐지는 로제트 모양이다. 포기나누기로 잘 번식한다.

황홀한 연꽃
Echeveria pulidonis

봄가을형　8㎝

별명 풀리도니스. 잎색, 가장자리 붉은색, 보기 좋은 로제트 모양은 완벽한 에케베리아의 모습. 수많은 품종의 교배원종이다.

황홀한 연꽃×베이비 핑거
Echeveria pulidonis × 'Baby Finger'

봄가을형　8㎝

통통한 잎을 가진 베이비 핑거와 황홀한 연꽃의 교배종이다. 장점만 이어받은 사랑스러운 품종이다.

프로스티
Echeveria pulvinata 'Frosty'

봄가을형　10cm

미세한 털로 덮인, 벨벳처럼 아름다운 잎을 가졌다. 위로 자라므로 적당한 시기에 다시 심기한다.

금황성
Echeveria pulvinata 'Ruby'

봄가을형　12cm

벨벳처럼 아름다운 잎이, 겨울 추위가 찾아오면 새빨갛게 단풍이 든다.

퍼플 프린세스
Echeveria 'Purple Princess'

봄가을형　8cm

잎이 스푼처럼 펼쳐지며 아름다운 로제트를 만든다. 물을 줄 때는 잎에 물이 고이지 않게 주의한다.

라밀레테
Echeveria 'Ramillete'

봄가을형　8cm

애플그린색 잎이 겨울이 되면 오렌지색 단풍이 든다. 모아심기의 악센트 컬러로 알맞다.

라밀레테(철화)
Echeveria 'Ramillete' f. *cristata*

봄가을형　10cm

라밀레테의 철화.

레즈리
Echeveria 'Rezry'

봄가을형　8cm

가는 잎이 꽃잎처럼 줄지어 나는 로제트 모양이다. 날씨가 추워지면 적자색 단풍이 들어, 진짜 꽃처럼 보인다.

리가
Echeveria 'Riga'

봄가을형　8cm

루비핑크색 테두리가 예쁘다. 줄기가 없으므로, 모종이 습기와 열기로 짓무르지 않게 물은 주변 흙에 준다.

리가
Echeveria 'Riga'

봄가을형　12cm

에케베리아로는 드물게도, 리가에는 덩이뿌리식물(p.19)처럼 줄기가 크게 자라는 모종이 있다.

로미오 루빈
Echeveria agavoides 'Romeo Rubin'

봄가을형　6cm

루비처럼 진한 붉은색이 매력적이다. 직사광선에 약하므로 한여름에는 반음지에 둔다.

론도르빈
Echeveria 'Rondorbin'

봄가을형　9cm

미세한 털이 얇게 난 잎은 겨울에 연한 오렌
지색 단풍이 든다. 가지가 나서 떨기나무처
럼 자란다.

로술라리스
Echeveria 'Rosularis'

봄가을형　8cm

스푼처럼 안쪽으로 휜 잎이 특징이다. 에케
베리아다운 오렌지색 꽃이 핀다.

루비 노바
Echeveria 'Ruby Nova'

봄가을형　10cm

가장자리의 붉은색이 그대로 남아있으면서
겨울에 잎끝을 중심으로 투명한 노란색 단풍
이 든다. 꽃도 노란색이다.

산타 루이스
Echeveria 'San(or Santa) Luis'

봄가을형　8cm

잎끝과 잎 뒷면이 붉은 주걱 모양인 잎이 줄
지어 있는 아름다운 로제트. 정식 이름은 아
직 정해지지 않았다.

사라희목단
Echeveria 'Sarahimebotan'

봄가을형　8cm

기온이 내려가면 잎 뒤쪽부터 서서히 보라색
으로 물든다. 기품 있는 그러데이션이 돋보
인다.

스칼렛
Echeveria 'Scarlet'

봄가을형　8cm

볼록한 잎이 촘촘하게 겹쳐서 예쁜 로제트
모양을 만든다. 새끼 모종이 많이 나며 군생
한다.

셀레나
Echeveria 'Selena'

봄가을형　8cm

길고 가는 칼날 모양의 잎과 잎끝 적자색이
특징이다. 에케베리아다운 노란 꽃이 핀다.

센세푸루푸
Echeveria 'Sensepurupu'

봄가을형　8cm

센세메지오와 세엽대화금의 교배종. 조금 큰
로제트로 자라며 존재감이 있다.

샹송
Echeveria 'Shanson'

봄가을형　7cm

머스캣그린색 잎은 겨울에 오렌지색 단풍이
든다. 투명해 보이는 색조가 사랑스럽다.

칠복신
Echeveria secunda 'Shichifuku-jin'

봄가을형　12㎝

봄~여름에 노란색 또는 오렌지색 꽃이 핀다. 집 주변에서 군생하는 모습을 볼 수 있다.

세쿤다(철화)
Echeveria secunda f. *cristata*

봄가을형　8㎝

산지 차이가 크고 아종이 있는 세쿤다의 철화다. 푸른빛을 띤 잎이 고급스러운 인상을 준다.

세토사 데미누타
Echeveria setosa var. *deminuta*

봄가을형　8㎝

데미누타라고도 한다. 잎끝에 짧은 털이 조금씩 나 있고, 더위에 약하다. 룬데리라고도 불린다(*Echeveria runderii*).

세토사 미노르
Echeveria setosa var. *minor*

봄가을형　8㎝

별명 아오이 나기사. 세토사 계열 중 원종 세토사에 가장 가까운 품종이다. 단풍이 들면 잎 뒷면이 보라색으로 변한다. 더위에 약하다.

시모야마 콜로라타
Echeveria 'Shimoyama Colorata'

봄가을형　10㎝

콜로라타 계열의 하나로 알려져 있지만 수수께끼 같은 면이 많다. 원종 콜로라타와 특징이 비슷하다.

백설희
Echeveria 'Shirayukihime'

봄가을형　8㎝

하얀 가루로 덮인 핑크빛 잎이 특징이다. 황홀한 연꽃(p.55)과 월영(p.49)의 교배종.

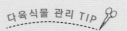
다육식물 관리 TIP

몸통자르기 → 꺾꽂이로 다시심기
에케베리아 칠복신

직립성을 띠고 성장하는 타입 또는 기둥 모양 선인장 등을 다시심기할 때 「몸통자르기」라는 방법을 사용한다. 자른 다음 줄기는 음지에 두고, 자른 면을 충분히 말려서 뿌리가 날 때까지 끈기 있게 기다리는 것이 포인트.

1 어미 모종 주위에 새끼 모종이 나와 성장하고, 화분이 가득찬다.

2 굵은 것도 자를 수 있을 만큼 큰 가위를 준비해서 어미 모종을 잘라낸다.

3 뿌리가 나거나 심을 때를 위해 꽃대는 1~1.5㎝ 정도 남기고 자르는 편이 좋다.

4 자른 어미 모종을 유리병 등에 꽂아, 바람이 잘 통하는 그늘에 두고 자른 면을 말린다.

실버 팝
Echeveria 'Silver Pop'

봄가을형 8cm

세련된 모양의 잎 끝부분에 뾰족한 손톱이 품위 있는 분위기를 자아낸다. 연한 색조의 모아심기 등에 활용한다.

스노 버니
Echeveria 'Snow Bunny'

봄가을형 8cm

중심부터 펼쳐지는 로제트 모양이 예쁘다. 하얀 가루가 떨어지지 않도록 물은 주변 흙에 준다.

섭코림보사
Echeveria sp.

봄가을형 8cm

겨울 단풍철에는 잎 전체가 연한 핑크색으로 변한다. 긴 잎이 모아심기에 악센트를 준다.

스펙타빌리스
Echeveria 'Spectabilis'

봄가을형 8cm

겨울 단풍철에 진한 핑크색으로 물든다. 로제트가 펼쳐지므로, 모아심기의 메인으로도 활용한다.

섭코림보사 라우030
Echeveria subcorymbosa 'Lau 030'

봄가을형 10cm

보통 짧은 줄기에 새끼 모종이 나와서 울창하게 군생한다. 장마철과 여름의 다습한 환경에 주의한다.

징강
Echeveria 'Sumie'

봄가을형 10cm

보라색 잎이 고급스러우며, 단풍철에 잎이 핑크색으로 물든다.

1달 후

5 뿌리가 나오면 화분에 마른 배양토를 넣고 심는다.

2달 후

6 뿌리가 제대로 내려서 순조롭게 성장 중인 모습.

7 어미 모종이 잘린 흔적도 사라질 만큼, 새끼 모종이 바로 그 자리에서 순조롭게 성장 중이다.

3달 후

5달 후

8 새끼 모종이 상당히 성장했으므로, 포기나누기를 하고 옮겨심기 준비를 한다.

9 옮겨심기한 새끼 모종도 순조롭게 성장하고 있다. 주위에 새끼 모종이 나오면 출발점인 1로 돌아간다. 계속 번식하므로 누군가에게 선물하기도 좋다.

티피
Echeveria 'Tippy'

봄가을형 8cm

연녹색 잎에 핑크빛 손톱이 특징이다. 잎 뒷면도 핑크색 단풍이 든다. 귀엽고 사랑스러운 모아심기에 활용한다.

투르기다
Echeveria turgida

봄가을형

8cm

두꺼운 잎과 뾰족한 손톱으로 정통 에케베리아의 모습을 갖추고 있지만, 수수께끼가 많은 품종이기도 하다.

홍화장
Echeveria 'Victor'

봄가을형 8cm

가지가 자라 나무 모양으로 성장한다. 가지 끝의 로제트와 루비레드색 테두리가 장미꽃을 연상시킨다.

워터 릴리
Echeveria 'Water Lily'

봄가을형 8cm

수련의 영어명과 이름이 같다. 흰빛이 도는 푸른색 잎이 겨울 단풍철에 더욱 하얘져 고급스럽고 아름답다.

화이트 샴페인
Echeveria 'White Champagne'

봄가을형 10cm

핑크색이나 보라색 등 다양한 색을 자랑하는 샴페인 시리즈. 단풍이 들어 붉어졌다.

화이트고스트
Echeveria 'White Ghost'

봄가을형 8cm

하얀 가루가 있으며, 잎끝이 하늘하늘한 물결 모양이다. 보기 좋게 키우려면, 성장기에 햇빛이 잘 드는 곳에 두는 일이 중요하다.

COLUMN / 새 품종명을 붙이는 규칙

국제규칙

식물 이름은 크게 「원종 이름」과 「교배종(원예종 또는 유통명) 이름」 2가지로 나뉜다. 원종 이름은 국제적으로 인정받은 이름으로 마음대로 바꿀 수 없다.

교배종 이름 짓기

국제적으로 정해진 규칙 중 몇 가지를 살펴보자.

1 일부 어구를 제외하고 자유롭게 붙일 수 있지만, Pink 등의 형용사는 단독으로 사용할 수 없다.

2 교배종은 어머니 이름이 먼저, 아버지 이름이 나중에 온다.

3 정식 이름은 출판물이나 권위 있는 사이트 등에 먼저 발표된 것을 우선으로 한다. 직접 만든 품종에 이름을 붙일 때는, 같은 이름이 없는지 조사한 다음 붙여야 한다.

4 알파벳은 30자 이내. 한자 이름은 로마자로 표기한다.

야마토히메
Echeveria 'Yamatohime'

봄가을형 8cm

작은 로제트로 새끼 모종이 나오며 군생한다. 다화성이므로 꽃봉오리 안쪽 꽃잎을 조금 자른다.

야마토의 장미
Echeveria 'Yamato-no-bara'

봄가을형 **8㎝**

추워지면 잎 뒷면부터 붉게 단풍이 든다. 큰 꽃 모양이 멋지다.

설추
Echeveria 'Yukibina'

봄가을형 **10㎝**

겨울에 하얗게 단풍이 드는데, 다른 품종에 는 없는 색조다. 가을에 햇빛을 충분히 받게 한다.

긴 잎 자라고사
Echeveria 'Zaragozae Long Leaf'

봄가을형 **8㎝**

가늘고 긴 잎의 로제트 모양은 긴 잎 계열에 서만 볼 수 있는 형태다. 햇빛이 잘 드는 곳에 두는 등 관리를 잘하면 보기 좋게 자란다.

갈락터
Echeveria hyb.

봄가을형 **8㎝**

화매혹과 자라고사의 교배종이다. 뾰족하고 예리한 손톱의 붉은색이 매력적인 품종이다.

실란스
Echeveria hyb.

봄가을형 **8㎝**

머스캣그린색 잎에 차분한 핑크색 테두리가 예쁘다. 모아심기의 악센트로 활용한다.

길바
Echeveria hyb.

봄가을형 **8㎝**

큰 잎이 겹쳐진 모양이 아름답다. 잎 사이에 물이 고이기 쉬우므로 주의한다.

바쇼고사
Echeveria hyb.

봄가을형 **8㎝**

마젠타핑크색의 예쁜 꽃이 핀다. 다화성이므 로 꽃봉오리 안쪽 꽃잎을 몇 장 자른다.

하르빈게리
Echeveria hyb.

봄가을형 **12㎝**

소형으로 새끼 모종이 나오며 군생하는 타입 이다. 멀리서 봐도 알 수 있는 뾰족한 손톱이 특징이다.

릴라
Echeveria hyb.

봄가을형 **8㎝**

흰빛이 도는 녹색이 아름다운 하얀 에케베리 아. 1년 내내 색이 거의 변하지 않는다.

Kalanchoe

칼랑코에

돌나물과

원산지	마다가스카르섬 등	재배 편이성 ★★★	여름형

물주기 성장기에 흙이 마르면 듬뿍 준다. 잔털이 난 품종은 잎에 닿지 않도록 주변 흙에 물을 준다. 장마철 관리에도 주의한다.

특징
잎이나 모종 전체가 벨벳처럼 잔털로 덮인 것, 톱니 모양의 잎, 아름다운 무늬가 있는 잎 등 개성적인 잎 모습이 재미있는 품종이다. 크기도 작은 것부터 2m 이상 자라는 것까지 매우 다양하다.

재배 요령
여름형이므로 기본적으로 햇빛을 많이 받게 한다(한여름 직사일광은 차광이 필요하다). 반대로 내한성이 낮아, 최저 기온이 5℃를 밑돌면 햇빛이 잘 드는 실내에서 거의 단수하며 관리한다.

베하렌시스
Kalanchoe beharensis

여름형 · 11cm

별명 선녀무. 잎에 미세한 흰색 털이 있다. 성장하면 나무 모양이 되지만, 다시심기해서 작게 키우기도 한다.

팡
Kalanchoe beharensis 'Fang'

여름형 · 11cm

보송보송한 털과 잎 뒷면에 난 돌기의 불균형이 매력적이다. 다습한 환경에 약하므로 거의 건조하게 키운다.

라티포리아
Kalanchoe beharensis 'Latiforia'

여름형 · 11cm

수많은 베하렌시스 원예종 중 하나. 잎 가장자리가 크게 물결치는 모양이다.

주련
Kalanchoe longiflora var. *coccinea*

여름형 · 8cm

잎 앞뒤로 붉은색과 녹색의 대비가 아름답다. 햇빛을 충분히 받으면 색 차이가 뚜렷해진다.

일련배
Kalanchoe nyikae

여름형 · 8cm

둥글고 윤기 나는 그릇 모양의 잎이 특징이다. 가을~겨울에 적자색 단풍이 든다.

선인무
Kalanchoe orgyalis

여름형 · 8cm

표면이 미세한 갈색 털로 덮여 벨벳 같은 질감이다. 추위에 약하다.

백은무

Kalanchoe pumila

여름형

11cm

하얀 가루로 덮인, 아름다운 은색 잎이 난다. 가지가 갈라져 나오며 위로 성장한다. 초봄에 핑크색 꽃이 핀다.

당인

Kalanchoe thyrsiflora

여름형

8cm

별명 데저트 로즈. 하얀 가루가 있으며, 여름에는 녹색이고 가을, 겨울에는 붉게 단풍이 든다. 직립성으로 위로 자라며, 늦가을에 작고 흰 꽃이 핀다.

COLUMN

이름에 「선(仙)」, 「선(扇)」, 「무(舞)」, 「토(兔)」, 「복(福)」이 많은 칼랑코에

다육식물 원예종의 이름이나 국명에는 공들인 흔적이 많다. 이 이름을 붙인 사람은 어떤 생각을 거쳤을까, 새로운 품종을 만든 사람은 어떤 사람일까 문득 궁금해진다.

칼랑코에 품종의 이름에는 「선(仙)」, 「선(扇)」, 「무(舞)」, 「토(兔)」, 「복(福)」이라는 한자가 눈에 띈다. 앞서 소개한 품종 중에도 「선녀무」, 「선인무」, 「백은무」가 있다. 「선인무」는 「천인무」라는 이름으로도 유통되고 있어, 다른 품종으로 오해받기도 한다.

선인무

다육식물 관리 TIP

자라난 줄기와 가지를 잘라 다시심기

칼랑코에 테디 베어

Kalanchoe tomentosa 'Teddy Bear'

여름형

성장이 느리므로 느긋한 마음으로 키워야 한다.

1 햇빛과 통풍을 고려하여 자른다.

2 잎은 가볍게 잡아당기면서 돌려 제거한다.

3 약 2달 후 뿌리가 나기 시작한다.

4 용토에 심어 성장 중인 모습.

Rabbit Family

폭신폭신 사랑스러운

인기만점 '토끼' 패밀리

칼랑코에의 친구인 토멘토사종은, 벨벳 같은 촉감의 가늘고 긴 잎이 토끼 귀 같고 사랑스럽다.
하얗고 고운 털로 덮인 잎에 갈색 반점이 난 「월토이」가 일반적이지만 변이 개체도 많으며,
각각의 특징을 보여주는 「○○토이」 또는 색이 주는 이미지에서 온 원예종 이름으로 유통되고 있다.
이와 같은 '토끼' 패밀리의 모든 것을 소개한다.

월토이
Kalanchoe tomentosa

여름형 10cm

토끼 패밀리의 원종. 토멘토사종을 재배할 때 가장 신경써야 할 점은 추위에 대한 대책이다. 최저기온이 5℃를 밑돌기 전에 햇빛이 잘 드는 실내로 옮긴다. 잎을 덮은 잔털은 강한 햇빛으로부터 잎을 보호하는 역할을 한다. 여름철 고온다습한 날씨와 직사광선에 취약하므로, 차광망이나 선풍기 등을 이용해서 적절하게 관리해야 한다.

황금월토이
Kalanchoe tomentosa 'Golden Girl'

여름형 10cm

별명 골든걸. 월토이에 비해 털이 조금 노란빛이 난다.

야토
Kalanchoe tomentosa 'Nousagi'

여름형 9cm

월토이보다 잎이 짧고, 잎과 반점의 색이 전체적으로 진하다.

도트 래빗

Kalanchoe tomentosa 'Dot Rabbit'

여름형

10cm

월토이보다 반점이
진하고 크다.

판다 래빗

Kalanchoe tomentosa 'Panda Rabbit'

여름형

10cm

토멘토사종이라 꽃
이 피는 일이 드물다.
꽃잎, 꽃받침조각,
꽃자루가 잔털로 덮
여 있다.

자이언트 래빗

Kalanchoe tomentosa 'Giant'

여름형

13cm

다른 품종보다 크고
잎도 두껍다.

초콜릿 솔저

Kalanchoe tomentosa 'Chocolate Soldier'

여름형

10cm

햇빛을 듬뿍 받으면
예쁜 초콜릿색으로
변한다.

시나몬

Kalanchoe tomentosa 'Cinnamon'

여름형

10cm

초콜릿 솔저보다 조
금 더 적갈색 계열에
가깝다.

복토이

Kalanchoe eriophylla

여름형

11cm

토멘토사종은 아
니지만 이름에 「토
(兎)」가 붙어있어 '토
끼' 패밀리로 소개한
다. 위로 자라지 않
고 포기나누기로 번
식, 군생한다.

Crassula

크라슐라

돌 나 물 과

| 원산지 주로 남아프리카 | 재배 편이성 ★★☆ | 생육형에 여름형, 봄가을형, 겨울형 3가지 패턴이 있다. |

물주기 생육형에 따라 다르므로, 키운다면 어떤 타입인지 확인해야 한다.

특징

인기 있는 소형종의 생육지는 겨울에 비가 오는 지역, 여름 또는 계절에 상관없이 비가 오는 지역, 극히 일부로 비가 거의 오지 않는 지역 등이 있다. 원산지의 기후가 크게 다르므로 식물 특징도 다양하다.

재배 요령

기본적으로 햇빛이 잘 들고 바람이 잘 통하는 장소에서 키운다. 여름에 휴면하는 겨울형, 봄가을형은 한여름의 고온다습한 환경에 약하므로, 직사광선을 피해 밝은 음지에 둔다. 여름형 타입의 크라슐라는 비를 맞는 실외에서도 재배할 수 있다.

천탑

Crassula capitella

봄가을형
8cm

작은 잎이 겹쳐지듯 성장한다. 봄에 향기로운 흰 꽃이 핀다.

천탑 무늬종

Crassula capitella f. *variegata*

봄가을형
9cm

성장점 근처 새잎에 살몬핑크색을 띠는 아름다운 반점이 있다. 새싹을 보호하기 위한 색이다.

화제

Crassula capitella 'Campfire'

봄가을형 **9cm**

추위가 심해지면 붉은색도 진해진다. 내한성, 내서성이 강하고 튼튼하다. 모아심기의 악센트로 활용한다.

화제광

Crassula capitella 'Campfire' f. *variegata*

봄가을형 **8cm**

화제에 반점이 난 품종이다. 황록색 잎에 크림색 복륜반이 있으며, 겨울에 핑크색 단풍이 든다.

블루 리본

Crassula 'Blue Ribbon'

봄가을형 **8cm**

지면에서 리본이 돋아나 있는 듯한 모습으로, 다른 다육식물에 없는 매력을 보여준다. 겨울에 단풍이 든다.

셀리아
Crassula 'Celia'

| 봄가을형 | 8㎝ |

희귀종 도성과 각진 잎이 독특한 수잔나에의 교배종이다. 작은 모종이 군생한다.

클라바타
Crassula clavata

| 봄가을형 | 8㎝ |

가을과 봄에 햇빛을 듬뿍 받으면 예쁘게 색이 든다. 쉽게 번식하므로, 성장기 전에 다시 심기를 한다.

코르다타
Crassula cordata

| 여름형 | 8㎝ |

하늘하늘한 잎 라인이 고급스러운 인기 품종이다. 꽃줄기에 구슬눈(주아)이 생기고 떨어져 번식한다.

다비드
Crassula 'David'

| 봄가을형 | 8㎝ |

작고 볼록한 잎 가장자리와 뒷면에 작은 바늘 모양의 털이 있다. 겨울에 검붉은색 단풍이 든다.

코오페리
Crassula exilis ssp. *cooperi*

| 봄가을형 | 11㎝ |

별명 을희. 잎을 자세히 보면 붉은 점, 미세한 털, 잎 뒷면의 검붉은색 등이 아름답다. 고온다습한 환경과 직사광선에 약하다.

브로우메아나
Crassula expansa ssp. *fragilis*

| 봄가을형 | 10㎝ |

아기자기한 형태로, 모아심기의 악센트로도 활용하기 좋다. 고온다습한 환경에 약하므로 주의한다.

가닛 로터스
Crassula 'Garnet Lotus'

| 봄가을형 | 10㎝ |

하얀 가루로 덮인 잎이 색조와 어울려 벨벳 같은 느낌을 준다. 햇빛을 듬뿍 받으면 예쁜 색이 된다.

은배
Crassula hirsuta

| 봄가을형 | 11㎝ |

유연하고 홀쭉한 잎이 나고 군생한다. 봄에는 길게 자란 꽃줄기 끝에 하얗고 작은 꽃이 핀다.

혁려
Crassula sp.

| 봄가을형 | 10㎝ |

진홍색 단풍이 든 모습이 아름다우며, 쉽게 볼 수 있지만 수수께끼가 많은 품종이다. 모종 밑부분 녹색과의 대비가 예쁘다.

아이보리 파고다
Crassula 'Ivory Pagoda'

`봄가을형` `10cm`

하얀 털로 덮인 잎이 겹쳐지듯 성장한다. 고온다습한 환경에 약하므로 바람이 잘 통하는 장소에 둔다.

낙동
Crassula lactea

`봄가을형` `8cm`

직립성이고 줄기가 갈라져 나오면서 성장한다. 튼튼하여 키우기 쉬우며, 겨울에 향기로운 흰 꽃이 핀다.

약록
Crassula lycopodioides var. *pseudolycopodioides*

`봄가을형` `8cm`

잎이 작은 비늘 모양이다. 성장하여 아래쪽 잎이 떨어지고 줄기가 드러나면, 꺾꽂이로 다시심기한다.

은전
Crassula mesembrianthoides

`봄가을형` `11cm`

작은 동물의 꼬리처럼 생긴 잎이 사랑스럽다. 잎끝에 단풍이 든다. 모아심기에 악센트를 준다.

홍엽제
Crassula 'Momiji Matsuri'

`봄가을형` `8cm`

화제(p.66)보다 소형으로, 겨울 단풍이 멋지다. 붉은색을 예쁘게 들이려면 가을철에 비료를 적게 준다.

크라술라 무스코사
Crassula muscosa

`봄가을형` `8cm`

별명 청쇄룡. 잎 사이로 보이는 검은 부분은 꽃이 핀 흔적이다. 봄에 줄기 사이로 별 모양의 노란색 꽃이 핀다.

크라술라 오비쿨라리스
Crassula orbicularis

`봄가을형` `8cm`

기는줄기가 나고 포기나누기도 많이 하므로 번식하는 모습을 보는 재미가 있다. 여름에는 바람이 잘 통하는 반음지에 둔다.

희황금화월
Crassula ovata sp.

`여름형` `14cm`

옛날부터 「돈나무」로 알려진 오바타종에 속한다. 가장자리에 든 단풍이 사랑스럽다.

리틀 미시
Crassula pellucida ssp. *marginalis* 'Little Missy'

`봄가을형` `8cm`

매우 작은 잎에 분홍색 테두리가 굉장히 귀엽다. 모아심기에 잘 어울린다.

신도
Crassula perfoliata var. *falcata*

여름형 | 8cm

칼날 모양의 잎이 줄기에서 좌우 거의 수직으로 나는 모습이 특징이다. 많은 품종의 교배 원종이며, 추위에 약하다.

왕비신도
Crassula falcata minima f.

여름형 | 7cm

신도에 비해 잎 길이가 짧고, 잎끝이 둥글어 부드러운 느낌을 준다.

남십자성
Crassula perforata f. *variegata*

봄가을형 | 8cm

삼각형 모양의 잎이 교대로 겹쳐지면서 위로 자란다. 군생으로 키우려면 싹꽂이로 번식시킨다.

화월 무늬종
Crassula portulacea f. *variegata*

봄가을형 | 13cm

잎 가장자리가 진홍색이며, 가장자리 주변에 색이 변하는 복륜반의 색조가 아름답다. 엽소현상이 일어나기 쉽다.

프루이노사
Crassula pruinosa

봄가을형 | 12cm

별명 풍크툴라타(punctulata). 하얀 가루로 얇게 덮인, 작은 은색 잎이 난다. 가지가 갈라져 나와 군생하므로, 습기와 열기로 짓무르지 않게 주의한다.

크라술라 푸베스켄스
Crassula pubescens

봄가을형 | 10cm

작은 잎에 미세한 털이 있다. 여름철 햇빛과 고온다습한 환경에 주의한다. 봄가을에 햇빛을 잘 받으면 잎 색깔이 예쁘게 든다.

라디칸스
Crassula pubescens ssp. *radicans*

봄가을형 | 8cm

초봄에 흰 꽃이 많이 핀다. 꽃을 감상할 수 있는 품종으로도 유명하다. 겨울에는 잎이 붉게 물든다.

레모타
Crassula subaphylla (이명 : syn.*Crassula remota*)

봄가을형 | 11cm

레모타는 이명이다. 미세한 털이 난, 아몬드 모양의 작은 잎을 가졌다. 벽걸이 타입의 모아심기에도 활용한다.

무을녀
Crassula rupestris ssp. *marnieriana*

봄가을형 | 8cm

두껍고 작은 잎이 좌우로 엇갈리게 난다. 같은 루페스트리스인 수주성과는 꽃이 피는 방식으로 구별할 수 있다.

파스텔

Crassula rupestris 'Pastel'

봄가을형 　8cm

소미성에 반점이 난 타입이다. 작고 사랑스러운 모양의 연한 색 잎에 반점이 있다.

루페스트리스 대형종

Crassula rupestris sp.

봄가을형 　8cm

루페스트리스의 대형종으로, 두꺼운 삼각형 모양의 잎이 좌우로 엇갈리게 나 있다. 가을~겨울에 잎 가장자리가 단풍이 든다.

사르멘토사 무늬종

Crassula sarmentosa f. *variegata*

여름형 　10cm

다육식물처럼 보이지 않지만 크라슐라의 일종이다. 빠르게 자라므로 봄~초여름에 가지치기를 한다.

소키알리스 sp 트란스발

Crassula socialis sp. *transvaal*

봄가을형 　8cm

작은 잎에 미세한 털이 수북하다. 가을, 겨울에 붉게 단풍이 드는 잎과 흰 꽃의 대비를 즐길 수 있다.

수잔나에

Crassula susannae

봄가을형 　7cm

각진 잎 모양이 특이하다. 새끼 모종이 나오며 군생하지만, 성장이 느리므로 느긋한 마음으로 재배한다.

소미성

Crassula rupestris 'Tom Thumb'

봄가을형 　10cm

별명 희성. 작고 두꺼운 잎이 겹쳐지듯 성장한다. 가을, 겨울 단풍은 누군가 디자인한 모습 같다.

다육식물 관리 TIP ✂

자라난 줄기와 가지를 잘라 다시심기

크라슐라 소미성

Crassula rupestris 'Tom Thumb'

1 2~3개씩 모여있는 가지의 아래쪽을 자른다.

2 깔끔하게 자른다.

3 줄기가 드러나도록 아래쪽 잎을 떼어낸다.

4 잎을 제거한 모습.

5 바구니 등에 꽂아 건조시킨다.

6 뿌리가 나면 마른 배양토에 심는다.

7 2달 후, 순조롭게 성장 중인 모습.

Graptoveria
그랍토베리아
돌나물과

원산지 없음(속간교배종)	재배 편이성 ★★★	봄가을형

물주기 모종 중심에 물이 남아 있으면 상하므로, 에어블로워(p.25) 등으로 물기를 날리는 것이 좋다. 겨울에 0℃ 이하로 내려가면 거의 단수한다.

특징
그랍토페탈룸과 에케베리아의 속간교배종이다. 그랍토페탈룸보다 튼튼하여 키우기 쉽다. 로제트 모양으로 나는 도톰한 잎의 미묘한 색조가 예쁘고, 이름도 사랑스러운 것이 많다.

재배 요령
기본적으로 햇빛이 잘 들고 바람이 잘 통하는 장소에서 키운다. 장마철과 여름의 다습한 기후에 약하므로, 이 시기에는 특히 통풍에 주의한다. 물은 표면의 흙이 마르면 듬뿍 준다.

그림 원
Graptoveria 'A Grim One'

봄가을형	8cm

볼록하게 두꺼운 잎, 파스텔그린색에 작은 핑크색 손톱이 있는 모습이 부드러운 인상을 준다.

핑클루비
Graptoveria 'Bashful'

봄가을형	11cm

학명인 Bashful은 「수줍음이 많은, 내성적인(shy)」이라는 뜻이다. 가을, 겨울에 새빨갛게 단풍이 든다.

벨라
Graptoveria 'Bella'

봄가을형	12cm

볼록한 잎이 작은 로제트 모양을 만든다. 노란색~빨간색 그러데이션이 아름다운 꽃이 핀다.

홍희
Graptoveria 'Decairn'

봄가을형	10cm

회색빛을 띠는 녹색의 희귀한 색을 가진 잎. 가을, 겨울 단풍도 회색빛을 띠는 핑크색으로 차분한 색조다.

초연
Graptoveria 'Huthspinke'

봄가을형	11cm

보랏빛을 띠는 잎은 추워지면 전체에 보라색 단풍이 든다. 존재감이 있어서 모아심기의 주인공으로도 활용한다.

초연 (철화)
Graptoveria 'Huthspinke' f. *cristata*

봄가을형	12cm

초연의 철화. 성장점이 하나가 아니라 띠 모양인 기이한 모습으로 성장한다.

오팔리나
Graptoveria 'Opalina'

`봄가을형` `8cm`

포동포동하게 부푼 잎이 귀엽다. 물주기가 지나치지 않도록 주의하면, 추위와 더위에도 강하고 튼튼하게 자란다.

핑크 프리티
Graptoveria 'Pink Pretty'

`봄가을형` `8cm`

잎이 가지런히 줄지어 난 모습이 정통 그랍토베리아 느낌이다. 초봄에 노란 꽃이 핀다.

퍼플 드림
Graptoveria 'Purple Dream'

`봄가을형` `8cm`

추위가 심해지면 선명한 적자색으로 변한다. 작은 잎이 굴러다닐 것 같은 모습이 모아심기에도 잘 어울린다.

로즈 퀸
Graptoveria 'Rose Queen'

`봄가을형` `11cm`

성장하고 몇 년 지나면 복숭아색 잎 뒷면에 붉은 얼룩무늬가 나타난다.

실버 스타
Graptoveria 'Silver Star'

`봄가을형` `8cm`

호리호리하고 작은 손톱이 독특한 분위기를 자아낸다. 손톱은 가을에 붉게 단풍이 든다. 모아심기의 악센트로도 좋다.

티투반스 무늬종
Graptoveria 'Titubans' f. *variegata*

`봄가을형` `8cm`

겨울이 되면 반점 부분이 우윳빛을 띠는 핑크색 단풍이 든다. 사랑스러운 이미지의 모아심기에 활용한다.

다육식물 관리 *TIP*

번식시킨 새끼 모종을 잘라 다시심기
그랍토베리아 마가레테 레핀
Graptoveria 'Margarete Reppin'

`봄가을형`

직립성이 있고 군생한다. 다습한 환경에 약하다.

1 번식시킨 새끼 모종을 잘라 다시심기한다.

2 새끼 모종을 자른다.

3 줄기가 짧은 것은 잎을 몇 장 남기고 자른다.

4 줄기가 1cm 정도 드러 나도록 아래쪽 잎을 뗀다.

5 바구니 등에 말린다.

6 뿌리가 나면 건조한 배 양토에 심는다.

Graptoveria

그랍토세둠

돌 나 물 과

원산지	없음(속간교배종)	재배 편이성 ★★★	봄가을형

물주기 흙이 마르면 듬뿍 준다. 여름, 겨울에는 적게 준다.

특징
그랍토페탈룸과 세둠의 속간 교배종이다. 더위나 추위에도 강한 종이 많아, 따뜻한 지역에서는 노지재배도 가능하다. 튼튼하여 키우기 쉽다. 로제트 모양을 이루는 도톰한 잎의 미묘한 색조가 아름답다. 단풍도 예쁘다.

재배 요령
기본적으로 햇빛이 잘 들고 바람이 잘 통하는 장소에서 키운다. 물은 표면의 흙이 마르면 듬뿍 준다. 튼튼한 품종이지만, 장마철과 여름의 다습한 환경에 취약한 타입도 있어 물을 적게 주고 거의 건조하게 키운다.

리틀 뷰티
Graptosedum 'Little Beauty'

봄가을형　**8cm**

겨울 단풍이 들면 끝부분은 붉은색으로, 남은 부분은 오렌지색과 녹색으로 물든다. 3가지 색의 그러데이션이 무지개 같아 아름답다.

Cremnosedum

크렘노세둠

돌 나 물 과

원산지	없음(속간교배종)	재배 편이성 ★★★	봄가을형

물주기 흙 표면이 마르면 2~3일 후에 듬뿍 준다. 여름에는 적게 준다.

특징
크렘노필라(*Cremnophila*)속과 세둠속의 속간교배종이다 (크렘노필라속에 대해서는 학자에 따라 견해가 다르다). 기본적으로 세둠과 같다고 생각하면 알기 쉽다.

재배 요령
기본적으로 세둠과 같다. 햇빛이 잘 들고 바람이 잘 통하는 곳에서 키우며, 여름에는 직사광선을 피해 반음지에서 키우거나 한랭사를 덮어준다. 장마철과 여름의 다습한 환경에도 주의가 필요하며, 군생하고 있다면 장마 전에 줄기를 솎아내고 다시심기한다.

크로커다일
Cremnosedum 'Crocodile'

봄가을형

8cm

잎이 나선 모양으로 나며 줄기가 직립성이다. 줄기가 길어지면 잘라서 형태를 유지하는 것이 좋다.

리틀 젬
Cremnosedum 'Little Gem'

봄가을형

10cm

윤기 나는 삼각형 모양의 잎이 로제트 모양을 이루며, 봄에 노란 꽃이 핀다. 여름철 고온다습한 날씨에 주의한다.

Graptopetalum
그랍토페탈룸

돌나물과

원산지 멕시코, 중미	**재배 편이성** ★★★	**여름형에 가까운 봄가을형**

물주기 흙이 마르면 듬뿍 준다. 여름에는 적게 주고, 겨울에는 거의 단수한다.

특징
소형종이 많다. 볼록하게 도톰한 작은 잎이 로제트 모양으로 옹기종기 모여 있어 사랑스럽다. 잎에 하얀 가루가 있는 종도 있고, 봄가을에 단풍이 드는 종도 있다. 튼튼하여 키우기 쉽다.

재배 요령
햇빛을 좋아하며 더위와 추위에 비교적 강하다. 겨울에도 잎이 얼지 않을 정도의 기온이면 야외에서 재배할 수 있다. 크게 군생하는 상태로 두면 여름에 습기와 열기로 짓무를 수 있으므로, 봄~여름에 포기나누기를 겸하여 손질한다.

벨룸
Graptopetalum bellum

봄가을형 **10㎝**

여름을 장식하는 쇼킹핑크색 꽃이 핀다. 브론즈그린색 로제트도 아름답다. 타키투스속 벨루스(*Tacitus bellus* 'King Star')에서 현재 이름으로 바뀌었다.

달마추려
Graptopetalum 'Daruma Shuurei'

봄가을형 **8㎝**

연한 색조와 볼록한 잎이 고급스럽다. 쉽게 군생하므로 자주 손질한다.

블루 빈
Graptopetalum pachyphyllum 'Blue Bean'

봄가을형 **8㎝**

청회색 잎끝에 진한 보라색 점이 있다. 밑동이 습기와 열기로 짓무르지 않도록 물은 주변 흙에 준다.

농월
Graptopetalum paraguayense

봄가을형 **8㎝**

새끼 모종이 나오며, 떨어진 잎에서도 싹이 트고 기는줄기가 되거나 직립성을 띠는 등 생명력이 왕성하다.

멘도사
Graptopetalum mendozae

봄가을형 **8㎝**

추워지면 연한 핑크색 단풍이 든다. 다습한 날씨가 계속되면 잎이 쉽게 떨어지므로, 거의 건조하게 키운다.

멘도사 무늬종
Graptopetalum mendozae f. variegata

봄가을형	8cm

잎 가장자리의 주변 색이 빠져, 전체적으로 파스텔톤이다. 모아심기의 악센트로 좋다.

페블스
Graptopetalum 'Pebbles'

봄가을형	10cm

추위가 계속되면 선명한 연보라색 단풍이 든다. 새끼 모종이 나오며 번식한다. 다습한 환경에 주의한다.

은천녀
Graptopetalum rusbyi

봄가을형	10cm

별명 루스비. 검은 보라색의 차분한 색조가 매력적이다. 소형 로제트로 군생한다.

Pachyveria

파키베리아

돌나물과

원산지 없음(속간교배종)	재배 편이성 ★★☆	봄가을형

물주기 흙이 마르면 듬뿍 준다. 여름과 겨울에는 적게 준다.

특징
파키피툼과 에케베리아의 속간교배종이다. 볼록하고 둥근 잎에 하얀 가루가 얇게 덮인 모습이 특징이며, 하얀 가루를 통해 보이는 잎의 색조가 예쁘다. 추위에 강해서 따뜻한 지역에서는 노지재배도 가능하다.

재배 요령
일조량이 부족하면 잎 색깔이 나빠지거나 웃자라기 쉬우므로, 햇빛이 잘 들고 바람이 잘 통하는 곳에서 키운다. 다습한 환경에 약하므로, 장마철과 여름의 다습한 시기에는 물을 적게 주고 거의 건조하게 키운다.

피치 걸
Pachyveria 'Peach Girl'

봄가을형	8cm

가을~봄에는 중심부의 잎을 남기고 복숭아색으로 물들기 시작하여, 사랑스러운 인상을 준다.

COLUMN

속간교배종이란

보통 같은 속끼리 교배하지만, 같은 속에서 만들어낼 수 없는 형태나 성질을 다른 속에서 가져오기 위해 서로 다른 속끼리 교잡한 것을 「속간교배종」이라고 한다.
파키피툼×에케베리아의 「파키베리아속」, 그랍토페탈룸×에케베리아의 「그랍토베리아속」 등이 그 예로, 모두 교잡과 친속 각각의 장점을 이어받았다.

Cotyledon
코틸레돈
돌나물과

원산지 남아프리카	재배 편이성 ★★★	여름형, 봄가을형

물주기 흙 표면이 마르면 듬뿍 준다. 여름, 겨울에는 적게 준다. 잔털이 난 품종은 잎에 물이 닿지 않도록 주변 흙에 물을 준다. 장마철에도 주의한다.

특징
「웅동자」와 「새끼고양이 발톱」 등은 모양이 동물의 손 같기도 하고, 잎에 붉은 테두리가 있기도 하여 사랑스러운 형태가 많다. 대개 줄기가 자라 직립성을 띠고 성장하며, 줄기 아래쪽은 갈색으로 목질화한다.

재배 요령
더위와 추위에 강한 품종이 많지만(반점이 있는 품종은 일반 품종보다 약하다) 한여름 직사광선을 피하여 반음지에 둔다. 휴면하는 겨울에는 다른 계절보다 물을 적게 주며, 잎의 탄력이 떨어지기 시작하면 물을 준다.

캄파눌라타
Cotyledon campanulata

여름형

8cm

길고 가는 막대 모양의 잎에 미세한 털이 있다. 줄기가 자라나면 싹꽂이, 포기나누기로 정기적인 다시 심기를 한다.

백미인
Cotyledon 'Hakubijin'

봄가을형

13cm

하얗고 긴 늘씬한 잎이 말 그대로 백미인이다. 겨울에는 잎 끝이 붉게 단풍이 든다. 천천히 성장하며 직립성을 띤다.

복랑
Cotyledon orbiculata var. *oophylla*

봄가을형

15cm

하얀 가루로 얇게 덮여 있으며 가장자리가 진홍색이다. 종 모양 꽃이 오렌지색으로 고운 인상을 준다.

홋쿠라
Cotyledon orbiculata 'Fukkura'

봄가을형

9cm

볼록하고 흰 잎의 모습이 느긋한 인상을 준다. 웃자라기 쉬우므로 햇빛을 충분히 받게 한다.

페퍼민트

Cotyledon orbiculata 'Peppermint'

`봄가을형`　`8㎝`

코틸레돈에서 주요 품종인 오르비쿨라타종의 하나. 잎이 성장하면서 점점 더 하얗게 변한다.

팅커벨

Cotyledon 'Tinkerbell'

`봄가을형`　`13㎝`

작은 잎과 사랑스러운 오렌지색 꽃으로 인기 있는 품종이다. 직립성으로 30㎝ 정도 높이로 자란다.

새끼고양이 발톱

Cotyledon tomentosa ssp. *ladismithensis* 'Konekonotsume'

`봄가을형`　`7㎝`

부드러운 털과 뾰족하게 튀어나온 손톱이 사랑스럽다. 물은 잎을 피해 주변 흙에 준다.

다육식물 관리 TIP ✂

가지가 갈라져 나온 모종 다시심기

코틸레돈 웅동자

Cotyledon tomentosa ssp. *ladismithensis*

코틸레돈은 잎꽂이로 번식하기 어려우므로 꺾꽂이를 한다.

`봄가을형`

고온다습한 환경에 약하다. 여름에는 반음지에 둔다.

1 가지가 갈라져 나와 무성해지면 가지치기를 한다.

2 바람이 잘 통하게 되고 햇빛도 구석까지 든다.

3 줄기가 1~1.5㎝ 정도 드러나게 잎을 제거한다.

4 바구니에 꽂아, 자른 면을 말린다.

5 싹꽂이한 가지 모두 뿌리가 나기까지 약 3달 걸린다. 코틸레돈은 발근에 시간이 걸린다.

6 건조한 배양토에 심는다.

7 순조롭게 성장 중이다.

Orostachys

오로스타키스

돌나물과

원산지 러시아, 중국, 일본 등	**재배 편이성** ★★☆	**봄가을형**

물주기 흙이 마르면 듬뿍 준다.
　　　　휴면하는 겨울에는 1달에 1번 정도로 적게 준다.

특징과 재배 요령

러시아, 중국, 일본 등에 분포하며 약 10종에 불과한 작은 속이다. 암련화와 조련화는 원산지가 일본이다. 추위에 강하고 키우기 쉽지만, 여름철 무더위에 약하므로 여름에는 바람이 잘 통하는 반음지에서 관리한다. 꽃이 핀 후에 어미 모종은 시들고, 모종 주위에 땅속줄기로 이어지는 새끼 모종이 난다.

자지련화

Orostachys iwarenge var. *boehmeri*

`봄가을형`

`8㎝`

스푼 모양의 잎이 로제트 모양을 이루는 모습이 사랑스럽다. 기는줄기 끝에 나는 새끼 모종으로 쉽게 번식시킬 수 있다.

Sedum

세둠

돌 나 물 과

원산지 자생지가 전 세계에 분포	**재배 편이성** ★★★(일부 어려운 품종도 있다)	**봄가을형, 여름형**

물주기 성장기에는 흙이 마르면 듬뿍 준다. 겨울에는 1달에 1번 정도로 적게 준다.

특징
볼록한 작은 잎이 촘촘하게 서로 달라붙는 타입, 로제트 타입, 목걸이 모양으로 자라는 타입 등 다양하다. 더위와 추위에 강해서, 모아심기나 정원에서 재배하기 편리하다. 단풍이 아름다운 종이 많은 것도 특징이다.

재배 요령
햇빛이 잘 들고 바람이 잘 통하는 실외에 둔다. 여름철 직사광선에 약하므로 반음지에 두거나 차광망을 덮는다. 군생하는 품종은 여름철 다습한 환경에 주의한다. 겨울에는 얼지 않게 주의하고 거의 건조하게 키운다.

아크레 엘레강스
Sedum acre 'Elegans'

봄가을형

10cm

봄 성장기에 잎끝이 밝은 크림옐로색이 되고, 성장이 진행되면 녹색으로 돌아온다. 지피식물(지표를 낮게 덮는 식물)과 모아심기의 마무리에 활용한다.

명월
Sedum adolphi

봄가을형

8cm

윤기 나는 황록색 잎에 직립성이고, 가지가 갈라져 나온다. 가을, 겨울에는 잎이 은은하게 오랜지색 단풍이 든다. 튼튼하여 키우기 쉽다.

황려
Sedum adolphi 'Golden Glow'

봄가을형

8cm

별명 달의 왕자. 추워지면 단풍이 들고, 한겨울에는 노란색~밝은 오렌지색이 된다. 직립성이므로 모아심기할 때는 뒤쪽에 배치하는 편이 보기 좋다.

블랙베리
Sedum album 'Blackberry'

봄가을형

8cm

작고 홀쭉한 잎이 방사형으로 나는 알붐 중에서, 겨울에 단풍이 가장 어둡게 드는 품종이다. 세련된 모아심기가 가능하다.

코랄 카펫
Sedum album 'Coral Carpet'

봄가을형　10㎝

별명 육조만년초. 봄~가을에 녹색이었다가 기온이 떨어지면 산호처럼 붉게 물든다. 초여름에 흰 꽃이 핀다.

힐레브랜티
Sedum album 'Hillebrandtii'

봄가을형　8㎝

다른 알붐보다 잎이 조금 크다. 겨울에 단풍이 들면 다갈색으로 변한다.

팔천대
Sedum corynephyllum

봄가을형　13㎝

별명 청솔. 하엽을 떨어뜨리면서 직립성으로 자란다. 꺾꽂이로 번식시키며 어미 모종에서도 싹이 튼다.

브레비폴리움
Sedum brevifolium

봄가을형　8㎝

하얀 가루로 덮인 잎의 모습이 귀엽다. 직립성으로 자라는 사랑스러운 모습이 모아심기의 악센트로 좋다.

청옥
Sedum burrito

봄가을형　8㎝

별명 신옥, 희옥. 도톨도톨한 두꺼운 잎이 화분에서 흘러넘치듯 성장하며, 그런 모습을 살려서 모아심기한다.

캐니 히니
Sedum 'Canny Hinny'

봄가을형　10㎝

작은 잎이 로제트 모양으로 군생한다. 겨울에는 잎끝에 핑크색 단풍이 들어 사랑스러운 분위기가 난다.

클라바툼
Sedum clavatum

봄가을형　8㎝

타원형의 두꺼운 잎이 만드는 로제트가 존재감을 드러낸다. 세둠 모아심기에서 주인공으로도 활약한다.

다시필룸
Sedum dasyphyllum

봄가을형　10㎝

별명 희성미인. 다시필룸의 기본종으로, 같은 종 중에서 가장 소형이다. 다습한 환경에 약하며 겨울에 보라색 단풍이 든다.

메이저
Sedum dasyphyllum 'Major'

봄가을형　8㎝

통통한 소형 로제트가 군생하는 모습이 재미있다. 일조량이 부족하면 웃자란다.

글란둘리페룸
Sedum dasyphyllum var. *glanduliferum*

봄가을형　8㎝

다시필룸(p.79)의 대형 품종이다. 추워지면 보라색 단풍이 든다.

보주
Sedum dendroideum

봄가을형　8㎝

춤을 추는 듯한 독특한 모습이다. 겨울에는 적자색 단풍이 든다. 웃자라기 쉬우므로 주의한다.

드림 스타
Sedum 'Dream Star'

봄가을형　10㎝

건조한 환경에 강하고, 눈이나 서리를 맞아도 시들지 않는 튼튼한 품종이다. 지피식물로 땅에 심기도 한다.

옥련
Sedum furfuraceum

봄가을형　7㎝

줄기가 목질화하여, 떨기나무 스타일의 감상용 분재로 즐길 수 있다. 둥근 잎에 비늘처럼 하얀 알갱이가 있다.

글라우코필룸
Sedum glaucophyllum

봄가을형　10㎝

안쪽 잎이 짧고 바깥쪽으로 갈수록 길어지는 스타일리시한 로제트다. 모아심기의 주인공으로 활약한다.

송엽만년초
Sedum hakonense

봄가을형　10㎝

별명 초콜릿 볼. 원산지는 일본 간토~중부태평양 쪽의 산지다. 비에 강해서, 다른 다육식물과 분리하여 키운다.

녹귀란
Sedum hernandezii

봄가을형　10㎝

특이하게 잎이 나는 방식이 한눈에 보인다. 일조량이 부족하거나 물을 너무 많이 주면 웃자라기 쉬우니 주의한다.

힌토니
Sedum hintonii

봄가을형　7㎝

비슷한 품종으로 모키니아눔(*mocinianum*)이 있다. 꽃줄기가 긴 쪽이 힌토니, 짧은 쪽이 모키니아눔이다.

푸르푸레아
Sedum hispanicum purpurea

봄가을형　10㎝

회색빛을 띤 보라색이 예쁜, 만년초 계열 품종이다. 싹꽂이나 포기나누기로 잘 번식한다.

연심

Sedum 'Koigokoro'

봄가을형　8㎝

을녀심의 대형종처럼 보인다. 계속 위로 자라므로 정기적으로 다시심기한다.

희세

Sedum lineare f. variegata

봄가을형　10㎝

남만년초에 반점이 난 품종. 일본이 원산지이며 키우기 쉽다.

환엽송록

Sedum lucidum

봄가을형　10㎝

윤기 나는 세둠다운 잎을 가졌다. 계속 위로 자라며 꽃줄기 끝에 많은 꽃이 핀다.

멕시코돌나물

Sedum mexicanum

봄가을형　10㎝

따뜻한 지역에서는 길가에서도 쉽게 볼 수 있는 귀화식물이다. 봄에 꽃줄기가 자라나 노란 꽃이 핀다.

을녀심

Sedum pachyphyllum

여름형　8㎝

잎끝을 물들인 붉은색이 특징이다. 햇빛을 많이 받게 하고 비료와 물을 줄이면 색이 더 선명해진다.

팔리둠

Sedum pallidum

봄가을형　10㎝

초여름에 흰 꽃이 피고, 겨울에는 붉게 단풍이 든다.

박화장

Sedum palmeri

봄가을형　11㎝

라임그린색 잎은 겨울이 되면 예쁜 핑크색으로 엷게 화장을 한다. 꽃처럼 아름다운 단풍이 든다.

카멜레온 무늬종

Sedum reflexum 'Chameleon' *f. variegata*

봄가을형　8㎝

오프화이트색 반점 부분은 겨울이 되면 검붉은색으로 연하게 물든다. 모아심기에서 악센트 컬러로 활용한다.

로티

Sedum 'Rotty'

봄가을형　8㎝

반들반들 통통한 로제트가 모아심기의 중심 소재로 잘 어울린다. 매력적인 화분을 완성할 수 있다.

루벤스
Sedum rubens

봄가을형 | 8cm

직립성이 아니며, 화분이 넘칠 듯 성장한다.
모아심기하면 붉은 줄기가 악센트를 준다.

홍옥
Sedum rubrotinctum

봄가을형 | 10cm

진한 분홍색으로 물드는 홍옥의 단풍은 멋지
다. 모아심기에 활용하면 색이 돋보이며 전
체 분위기를 살려준다.

루페스트레 안젤리나
Sedum rupestre 'Angelina'

봄가을형 | 10cm

겨울에 오렌지색 단풍이 든다. 추위에 강해
서 지피식물로도 활용한다. 여름에 노란색
꽃이 핀다.

스푸리움 드래곤즈 블러드
Sedum spurium 'Dragon's Blood'
(*Phedimus sprium* 'Dragon's Blood')

봄가을형 | 10cm

겨울철에 잎이 떨어져 줄기만으로 겨울을 나
지만, 시드는 것은 아니며 봄이 되면 새싹이
나온다. 현재 기린초속.

스푸리움 트라이컬러
Sedum spurium 'Tricolor'
(*Phedimus sprium* 'Tricolor')

봄가을형 | 10cm

녹색, 흰색, 핑크색의 3색잎이다. 드래곤즈
블러드와 더불어 모아심기의 악센트로 제격
이다. 현재 기린초속.

옥엽
Sedum stahlii

봄가을형 | 8cm

홍옥의 교배원종이다. 어두운 붉은색 잎이
계절이나 재배환경에 따라 녹색이나 연한 붉
은색으로 변한다.

스테프코
Sedum stefco

봄가을형 | 10cm

작은 잎이 군생한다. 겨울에 새빨갛게 단풍
이 든다. 단품으로 화분에서 넘칠 만큼 키우
는 방법도 좋다.

천사의 눈물
Sedum treleasei

봄가을형 | 10cm

동글동글한 모습이며, 계속 위로 자라므로
정기적으로 다시심기한다. 고온다습한 환경
에 약하다.

스프링 원더
Sedum versadense f.*chontalense*

봄가을형 | 8cm

잎이 도톰하고 작다. 단풍이 들면 잎 뒷면이
붉게 물들어 하트 모양으로 보이는데, 상당
히 귀엽다.

Sedeveria
세데베리아

돌나물과

원산지 없음(속간교배종)	재배 편이성 ★★★	봄가을형, 여름형

물주기 흙이 마르면 듬뿍 준다. 여름, 겨울에는 거의 단수한다.

특징
세둠과 에케베리아의 속간교배종이다. 조금 키우기 어려운 에케베리아에, 세둠의 강인함과 튼튼함이 결합된 「장점만 모아놓은 품종」이다. 아름답고 사랑스럽고 튼튼하여, 키우기도 관리하기도 쉽다.

재배 요령
기본적으로 세둠과 같다. 햇빛을 좋아하는 세둠과 마찬가지로, 한여름 직사광선 말고는 햇빛이 잘 들도록 키우는 것이 좋다.

블루 미스트
Sedeveria 'Blue Mist'

봄가을형
8cm

세둠 크레이기(craigi)와 에케베리아 아피니스(affinis)의 교배종이다. 계절에 따라 변화하는 보라색 색조가 아름답다.

달리 데일
Sedeveria 'Darley Dale'

봄가을형
8cm

큰 꽃처럼 생긴 존재감 있는 로제트는 모아심기의 주인공으로도 제격이다. 꽃은 크림색 별 모양이다.

제트 비즈
Sedeveria 'Jet Beads'

봄가을형 **8cm**

여름에는 선명한 녹색이었다가, 단풍이 들면 윤기 있는 진한 적갈색으로 변한다. 색의 변화를 즐길 수 있는 품종이다.

레티지아

Sedeveria 'Letizia'

| 봄가을형 | 9㎝ |

겨울에 단풍이 들면 녹색과 붉은색의 대비가 아름답다. 0℃를 밑도는 시기에는 실내에 둔다.

마이알렌

Sedeveria 'Maialen'

| 봄가을형 | 8㎝ |

별명 마커스. 머스캣그린색 잎에 핑크색 테두리가 귀엽다. 짧은 줄기를 포기나누기하여 큰 군생을 만든다.

롤리

Sedeveria 'Rolly'

| 봄가을형 | 12㎝ |

별명 누다. 직립성이고 줄기 아래까지 계속 모종이 나와 촘촘한 모습으로 자란다. 다습한 환경에 주의한다.

정야철

Sedeveria 'Seiya-tsuzuri'

| 봄가을형 | 10㎝ |

에케베리아 정야(p.48)와 세둠 옥철의 교배종이다. 겨울에는 잎끝에 오렌지색 단풍이 든다.

화이트스톤 크롭

Sedeveria 'Whitestone Crop'

| 봄가을형 | 8㎝ |

핑크색 단풍이 들고, 2㎝ 정도의 작은 로제트 모양이 특징이다. 모아심기에 악센트로도 활용한다.

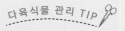

다육식물 관리 *TIP*

자라난 줄기와 가지를 잘라 다시심기

파키피툼 베이비 핑거

Pachyphytum rzedowskii

| 봄가을형 |

계절에 따라 색이 변한다. 다습한 환경에 주의한다.

1 자라난 부분을 자른다.

2 자른 모습.

3 줄기가 1㎝ 정도 드러나도록 잎을 따고 바구니에 꽂아, 자른 면을 말린다.

4 뿌리가 나면 마른 배양토에 심는다.

Pachyphytum
파키피툼

돌나물과

원산지 멕시코	재배 편이성 ★★☆	봄가을형

물주기 흙이 마르면 듬뿍 준다. 여름, 겨울에는 1달에 1번 정도로 거의 단수한다.

특징

볼록하고 둥근 잎을 하얀 가루가 얇게 덮은 모습이 특징으로, 하얀 가루를 통해 보이는 잎의 색조가 예쁘다. 하얀 가루는 문지르면 떨어지므로, 옮겨심기 등을 할 때는 줄기 아래쪽을 잡는다.

재배 요령

일조량이 부족하면 잎 색깔이 나빠지거나 웃자라기 쉬우므로, 햇빛이 잘 들고 바람이 잘 통하는 곳에서 키운다. 다습한 환경을 싫어하므로, 장마철과 여름의 다습한 시기에는 물을 적게 주고 거의 건조하게 키운다. 1~2년에 1번은 옮겨심기를 한다.

파키피툼 콤팩툼
Pachyphytum compactum

> 봄가을형
> 8cm

성장과정에서 잎에 생기는 흰 줄이 특징이다. 단풍이 들면 노란색~오렌지색으로 변한다. 많이 닮은 글라우쿰(glaucum)의 단풍은 보라색이다.

월화미인 무늬종
Pachyphytum 'Gekkabijin' f. *variegata*

> 봄가을형
> 10cm

주걱 모양의 잎이 펼쳐지는 로제트 형태가 화려하다. 모아심기의 주인공으로도 존재감이 있다.

군작
Pachyphytum hookeri

> 봄가을형
> 10cm

위로 계속 자라며 직립성을 띤다. 잎끝마다 하얗고 뾰족한 것이 특징이다.

성미인
Pachyphytum oviferum 'Hoshibijin'

> 봄가을형
> 8cm

파키피툼에서 많이 볼 수 있는, 「○○미인」 이름이 붙은 품종 중 하나다. 하얀 가루로 덮인 연보라색 단풍이 단아한 인상을 준다.

Sempervivum
셈 페 르 비 붐

돌 나 물 과

원산지 유럽 중남부 고산지대 등	재배 편이성 ★★☆	겨울형에 가까운 봄가을형

물주기 흙이 마르면 듬뿍 준다. 여름, 겨울에는 적게 준다. 특히 여름에는 거의 단수한다.

특징

작은 잎이 로제트 모양으로 겹겹이 줄지어 난 모습이 매우 아름답다. 겨울에는 새빨갛게 단풍이 든다. 유럽에서는 오래전부터 인기 있는 품종으로, 색조나 형태 등이 아름다운 원예종도 많다. 학명은 「영원히 살아있다」는 뜻의 라틴어에서 유래했다.

재배 요령

유럽 산악지대의 혹독한 환경에서 자생한다. 추위와 건조한 환경에 강하여 추운 지역도 실외에서 1년 내내 재배가 가능하다. 고온 다습한 환경에 약하므로 장마철과 여름에는 바람이 잘 통하는 처마밑 등으로 옮긴다.

푸질리어

Sempervivum 'Fusilier'

봄가을형

11cm

잎 가장자리에 잔털이 있다. 얇고 뾰족한 잎과 색조, 기는줄기가 난 모습에서 와일드한 분위기가 난다.

마린

Sempervivum 'Marine'

봄가을형

8cm

겨울철 어두운 보라색이 매력적이다. 새끼 모종이 많이 나며 군생한다. 세련된 모아심기의 주인공으로 활용한다.

백혜

Sempervivum 'Oddity'

봄가을형

11cm

둥글게 원통 모양으로 말려 있는 잎이 특징이다. 잎에 물이 고이지 않도록 물은 주변 흙에 준다.

퍼시픽 나이트

Sempervivum 'Pacific Knight'

봄가을형

11cm

계절에 따라 녹색 ~ 와인색으로 변하는 색조가 예쁘다. 기는줄기가 나고 잘 번식한다.

로즈 마리

Sempervivum 'Rose Marie'

봄가을형

11cm

잎이 단단한 로제트 모양과, 셈페르비붐답게 진한 와인색이 모아심기에 악센트를 준다.

상하이 로즈

Sempervivum 'Shanghai Rose'

봄가을형

8cm

어딘가 기품 있는 모습이다. 잎 가장자리의 진한 보라색 복륜반이 아름답다. 새끼 모종이 나오며 잘 번식한다.

스트로베리 벨벳

Sempervivum 'Strawberry Velvet'

봄가을형

11cm

곱고 미세한 털로 덮인 잎이 벨벳처럼 아름답다. 사계절마다 달라지는 색조도 예쁘다.

홍훈화

Sempervivum tectorum 'Koukunka'

봄가을형

8cm

큰 장미꽃 모양의 로제트가 특징이다. 군생으로 키워도 재미있고, 모아심기하면 화려한 주인공으로 손색없다.

다육식물 관리 TIP ✂

번식시킨 새끼 모종을 잘라 다시심기

셈페르비붐 마린

Sempervivum 'Marine'

1 화분 가득 자란 모습.

2 뿌리가 작으므로 조심스럽게 흙을 털어내고 엉킨 뿌리를 풀어준다.

3 엉킨 뿌리를 풀어주면서 새끼 모종을 떼어낸다.

4 시든 잎을 제거한다.

5 포기나누기 완료.

6 어미 모종, 새끼 모종을 각각 심는다.

Tylecodon

틸레코돈

돌 나 물 과

원산지	남아프리카	재배 편이성 ★★☆	겨울형

물주기 흙이 마르면 듬뿍 준다.
비가 많이 오면 물을 적게 주고, 여름에는 단수한다.

특징
겨울형 덩이뿌리식물의 대표종으로, 여름에 낙엽이 지고 가을에 기온이 내려가면 새잎이 나는 등 성장하기 시작한다. 꽃은 주로 봄에 핀다. 몇 ㎝ 정도의 소형종부터 높이 1m가 넘는 대형종까지 다양하다.

재배 요령
여름에 단수, 차광을 하고 바람이 잘 통하는 장소에서 휴면시키는 것이 요령이다. 가을이 되어 새잎이 나면 서서히 물주기를 시작한다. 봄가을에 흙이 완전히 마르면 물을 듬뿍 주고, 겨울에는 그보다 조금 적게 준다.

아방궁 *Tylecodon paniculatus*

[겨울형] [12㎝]

얇은 종이 같은 표피가 특징이며, 이 표피가 수분저장을 위한 굵은 줄기를 덮고 있다. 열악하고 건조한 자생지의 환경을 견뎌낸 진화의 증거다.

만물상 *Tylecodon reticulatus*

[겨울형] [13㎝]

잎 주위에 잔가지처럼 보이는 것은, 꽃이 핀 후 꽃자루가 굳고 남은 것이다. 성장이 매우 느리다.

Hylotelephium

힐로텔레피움 (꿩의비름속)

돌 나 물 과

원산지	아시아	재배 편이성 ★★★	봄가을형

물주기 흙이 마르면 듬뿍 준다. 겨울철에는 약간 건조하게 키운다.

특징
주로 산지나 계곡의 바위가 많은 곳, 해안절벽 등에 자라는 여러해살이풀이다. 가을에 단풍이 들고 꽃이 핀다. 겨울에는 낙엽이 지고 휴면하지만 봄이 되면 다시 싹이 튼다.

재배 요령
햇빛이 잘 들고 바람이 잘 통하는 곳을 좋아한다. 내한성이 강하여, 따뜻한 지역은 실외에서 겨울을 날 수 있다. 다습한 환경에 약하므로, 장마철 등에는 처마밑을 비롯해서 비를 피할 수 있는 장소로 옮긴다. 포기나누기, 꺾꽂이, 종자번식으로 번식시킬 수 있다.

카우티콜라

Hylotelephium cauticola

[봄가을형] [11㎝]

자생지는 일본 홋카이도(도카치, 히다카 지방)이다. 하얀 가루로 덮인 2㎝ 정도의 달걀 모양의 잎은 가을에 단풍이 든다.

Rosularia
로술라리아
돌 나 물 과

원산지	북아프리카~중앙아시아	재배 편이성	★★☆	봄가을형

물주기 흙이 마르면 듬뿍 준다.
여름, 겨울에는 적게 준다. 특히 여름에는 거의 단수한다.

특징
셈페르비붐의 근연종이다. 잎이 로제트 모양으로 겹겹이 줄지어 난 모습, 그리고 어미 모종 주변에 새끼 모종이 많이 나와 군생하는 모습이 닮았다. 셈페르비붐과 다른 점은 꽃의 구조로, 셈페르비붐은 꽃잎이 갈라지는 반면 로술라리아는 원통 모양이다.

재배 요령
셈페르비붐과 거의 비슷하다. 튼튼해서 추위나 더위에도 강하지만, 한여름 더위와 다습한 환경에 약하므로 장마철과 여름에는 바람이 잘 통하는 처마 밑 등으로 옮긴다. 물은 적게 주되, 성장기에 흙이 마르면 듬뿍 준다.

크리산타 *Rosularia chrysantha*

봄가을형 · 8cm

미세한 털로 덮인, 작고 두꺼운 잎이 모여서 만든 로제트로 군생한다. 복슬복슬해서 사랑스럽다.

플라티필라 *Rosularia platyphylla*

봄가을형 · 7cm

새끼 모종이 왕성하게 나오는 타입이다. 햇빛을 충분히 받게 하여 튼튼한 모종으로 키운다.

Monanthes
모난테스
돌 나 물 과

원산지	카나리아제도 등	재배 편이성	★☆☆	봄가을형

물주기 가을~봄에는 흙이 마르면 듬뿍 준다.
여름에는 1달에 1번 정도로, 거의 단수한다.

특징
작은 다육질 잎이 촘촘하고 무성하게 나는 초소형 품종이다. 습기가 있고 음지인 암석지대 등에 자생한다. 자생지 기온은 15~27℃ 정도로 1년 내내 큰 변화가 없고, 비도 적게 온다. 여름과 겨울 날씨에 약하다.

재배 요령
처마밑 등 바람이 잘 통하는 반음지에서 키운다. 고온다습한 여름 환경에 매우 약해서 짓무를 수도 있다. 기온이 35℃를 넘는 날에는 한낮에만 햇빛이 잘 드는 창가에 두는 편이 무난하다.

폴리필라
Monanthes polyphylla

봄가을형 · 8cm

작은 잎이 지름 1cm의 로제트를 만든다. 봄에 피는 꽃도 특이하여 독특한 분위기를 자아낸다.

Aloe

알로에

아스포델루스과

원산지 남아프리카, 마다가스카르, 아라비아반도 등 광범위하다.	**재배 편이성 ★★★**	**여름형**

물주기 흙이 완전히 마른 후 듬뿍 준다. 겨울에는 적게 준다.

특징	**재배 요령**
약 700종에 이르는 광범위한 속이며, 소형종부터 10m 이상의 큰 나무로 자라는 대형종까지 종류가 다양하다. 약초로 알려진 나무 알로에와 식용 알로에베라가 특히 유명하며, 원예종도 종류가 다양하다.	여름철 더위에 강하고 튼튼해서 키우기 쉽지만, 종류에 따라 재배 요령이 조금씩 다르다. 햇빛이 잘 들지 않으면 웃자라므로 햇빛을 잘 받아야 한다. 겨울에 실외에서 자라는 종도 있지만, 추운 지역은 햇빛이 잘 드는 실내로 옮기는 편이 안전하다.

아쿨레아타 림포포

Aloe aculeata var. *limpopo*

여름형

8cm

짐승의 뿔처럼 단단한 잎이 좌우 번갈아 나며 성장한다. 가을에는 잎이 적자색을 띤다.

알비플로라

Aloe albiflora

여름형

11cm

별명 설녀왕. 알로에속으로는 보기 드물게 하얀 종 모양 꽃이 핀다. 줄기가 없고, 가늘게 자라는 잎에 흰 반점과 가시가 있다.

왕비능금

Aloe aristata 'Ouhi-ayanishiki'

여름형

13cm

넓은 잎의 녹색~붉은색 그러데이션과, 가지런한 로제트 모양으로 인기가 많은 품종이다.

블리자드

Aloe 'Blizzard'

여름형

16cm

눈보라(블리자드)를 연상시키는 흰 반점이 있고, 생동감 넘치는 잎으로 여름철 모아심기에도 활용한다.

카피타타

Aloe capitata

여름형

9cm

붉은 톱니가 특징이다. 마다가스카르섬의 카피타타는 자생지가 넓어, 변종이 여러 가지 존재한다.

다플 그린

Aloe 'Dapple Green'

여름형

16cm

작고 흰 반점이 예쁜 품종이다. 겨울에 꽃 줄기가 자라나, 사랑스러운 종 모양 꽃이 핀다.

디코토마

Aloe dichotoma

여름형

13cm

자생지에서는 10m 이상 높이로 자란다. 작은 화분에서 키우면 작게 자란다. 뿌리가 섬세하므로 옮겨 심을 때 조심해야 한다.

페록스

Aloe ferox

여름형

15cm

줄기에서 나선 모양으로 난 잎과 적갈색 가시가 생동감을 준다. 가지가 갈라져 나오지 않고, 줄기 하나로 직립성을 띤다.

파이어 버드

Aloe 'Fire Bird'

여름형

16cm

보통 포기나누기하여 군생한다. 긴 꽃줄기가 자라나 꽃이 피는 모습을 분재용으로 즐길 수도 있다.

플라밍고

Aloe 'Flamingo'

여름형

12cm

붉은 돌기가 특징이다. 플라밍고(Flamingo)의 어원은 「불꽃」을 뜻하는 라틴어 flamma이다. 새가 아니라, 붉은 불꽃이라는 뜻을 가진 이름이다.

후밀리스
Aloe humilis

`여름형` `16㎝`

별명 제왕금. 소형으로 군생하는 타입이다. 잎 전체에 난 가시가 찔려도 아프지 않다. 오렌지색 단풍이 든다.

비취전
Aloe juveuna

`여름형` `14㎝`

탑 모양으로 위를 향해 자란다. 윤기 나는 비취색 잎은 겨울에 연한 오렌지색 단풍으로 물든다.

불야성
Aloe 'Nobilis'

`여름형` `16㎝`

새끼치기로 번식하고, 직립성이 있어 위로도 자란다. 다시심기를 정기적으로 하면 좋다.

핑크 블러시
Aloe 'Pink Blush'

`여름형` `16㎝`

추워지면 핑크색 반점이 진해진다. 가을에 긴 꽃줄기가 자라 핑크색~노란색 꽃이 핀다.

라모시시마
Aloe ramosissima

`여름형` `17㎝`

가는 잎이 위를 향해 난다. 가지가 많이 나며, 모종이 보기 좋은 모양으로 성장하는 과정을 즐길 수 있다.

라우히 화이트 폭스
Aloe rauhii 'White Fox'

`여름형` `15㎝`

회색빛의 잎에 있는 얼룩무늬가 예쁘다. 길게 자라는 꽃줄기와도 균형이 잘 맞는다.

다육식물 관리 TIP

새끼 모종이 늘어나 뿌리가 가득찼다

알로에 라우히 화이트 폭스
Aloe rauhii 'White Fox'

1 화분에서 꺼낸다.

2 손가락으로 흙을 부수어 떨어뜨린다.

3 뿌리가 끊어지지 않도록 부드럽게 새끼 모종을 떼어낸다.

4 말라 있는 끝부분은 가위로 잘라 정리한다.

5 포기나누기한 모습.

6 어미 모종, 새끼 모종을 각각 심고 1달이 지난 모습. 꽃이 피는 모습도 볼 수 있다.

Astroloba

아스트롤로바

아스포델루스과

원산지	남아프리카	재배 편이성	★★★	봄가을형

물주기 봄~가을에는 흙이 마르면 듬뿍 준다.
여름과 겨울에는 적게 준다.

특징
위에서 보면 잎이 붙어있는 모습이 별(아스트로) 모양으로 보인다. 탑 형태로 성장하는 모습이 하워르티아 경엽계 그룹과 매우 비슷하다. 생육패턴도 하워르티아에 가깝다.

재배 요령
직사광선을 싫어하므로, 1년 내내 처마밑 등 바람이 잘 통하는 반음지에서 키운다. 봄가을에는 흙이 마르면 물을 듬뿍 주지만, 여름과 겨울 휴면기에는 적게 주어 거의 건조하게 키우는 것이 요령이다.

천수각 *Astroloba skinneri*

봄가을형	8cm

방사형으로 난 잎이 위로 솟아오르는 모습이, 오사카성 천수각을 연상시키는 분위기로 일본에서 인기 품종이다.

소웅좌 *Astroloba* sp.

봄가을형	8cm

통통한 잎이 겹쳐 쌓이듯 성장한다. 엽소현상을 막기 위해, 여름철 직사광선은 차광망 등으로 대책을 마련한다.

Kumara

쿠마라

아스포델루스과

원산지	남아프리카	재배 편이성	★★★	봄가을형

물주기 봄~가을에는 흙이 마르면 듬뿍 준다. 겨울에는 적게 준다.

특징
2014년에 예전 알로에속이 계통분리되면서 탄생한 새로운 속이다. 위로 줄기가 계속 자라, 성장하면 줄기가 목질화하여 나무 높이가 5m나 되는 종도 있다.

재배 요령
알로에속과 마찬가지로 햇빛이 잘 들고 바람이 잘 통하는 곳에서 키운다. 물은 흙이 마르면 듬뿍 주고, 그 후 충분히 마른 다음 준다. 겨울에는 물을 적게 주고 햇빛이 잘 드는 실내에 둔다.

플리카틸리스
Kumara plicatilis

봄가을형	15cm

조형미가 느껴지는 모습이다. 추위에 약하므로, 최저 기온이 15℃를 밑돌면 햇빛이 잘 드는 실내로 옮긴다.

Gasteria

가스테리아

아스포델루스과

원산지 남아프리카	재배 편이성 ★★★	봄가을형에 가까운 여름형

물주기 봄~가을에는 흙이 마르면 듬뿍 준다. 겨울에는 적게 준다.

특징
혀 모양의 잎(끝이 둥글거나 뾰족하다)이 좌우대칭 또는 방사형으로 펼쳐지는 독특한 형태가 마니아들의 마음을 끈다. 속명은 「위장」이라는 뜻으로, 꽃이 작은 위장처럼 생겼다는 데서 유래했다.

재배 요령
성장 타입은 여름형이지만 한여름 날씨에 약하므로, 반음지나 차광망으로 직사광선을 피하고 바람이 잘 통하는 장소에서 키운다. 휴면하는 겨울에 생육 장소가 5℃를 밑돌면 햇빛이 잘 드는 실내로 옮긴다.

와우
Gasteria armstrongii

여름형
9cm

소 혓바닥처럼 생긴 잎이 좌우 번갈아 나며 촘촘히 겹쳐진다. 직사광선에 약해서 엽소현상이 쉽게 일어나므로 주의한다.

바일리시아나
Gasteria baylissiana

여름형
8cm

잎 위에 난 흰 반점과 테두리가 특징이다. 새끼 모종이 많이 나오며 군생한다.

플로우
Gasteria 'Flow'

여름형 9cm

칼날 모양의 잎이 방사형으로 나서 날카로운 인상을 준다.

글로메라타
Gasteria glomerata

여름형 8cm

두껍고 흰빛이 도는 잎이 특징이다. 다습한 환경이 계속되면 반점이 생기는 등 잎이 상하므로 주의한다.

자보 무늬종
Gasteria gracilis var. *minima* f. *variegata*

여름형 8cm

혀 모양의 잎이 겹쳐 쌓이며 부채처럼 펼쳐진다. 새끼 모종이 계속 나오며 군생한다.

리틀 워티
Gasteria 'Little Warty'

여름형 | 9cm

1장의 잎 속에 줄무늬, 점무늬, 서로 다른 색
조의 녹색이 들어가 있어 독특한 모습이다.

공룡 필란시 무늬종
Gasteria pillansii 'Kyoryu' f. variegata

여름형 | 12cm

폭이 넓고 딱딱한 잎이 좌우 교대로 나는 독
특한 형태다. 느리게 성장한다.

풀크라
Gasteria pulchra

여름형 | 8cm

가는 잎이 춤추듯 이쪽저쪽으로 향한 모습이
독특하다. 소형으로 군생하는 타입이다.

다육식물 관리 TIP ✂

새끼 모종이 늘어나 뿌리가 가득찼다

가스테리아 바일리시아나
Gasteria baylissiana

1 손가락으로 흙을 부수어 떨어
뜨린다.

2 어미 모종, 새끼 모종이 각각
뿌리를 가지고 있으면 떼어내기
쉽다.

3 깔끔하게 포기나누기 완료.

4 1달 후 어미 모종의 밑동에서
또 다른 새끼 모종이 나왔다.

── *Gasteraloe* ──
가스테랄로에

아스포델루스과

원산지 없음(속간교배종)	재배 편이성 ★★★	여름형

물주기 흙이 마르면 듬뿍 준다. 겨울에는 적게 준다.

특징과 재배 요령
가스테리아와 알로에의 속간교배종이다. 꽃이 알로에에 가깝고,
보기 좋은 모양을 이루며 군생한다.
기본적으로 가스테리아와 같으며, 튼튼하여 키우기 쉽다. 한여름
직사광선 말고는 햇빛을 충분히 받게 하고 바람이 잘 통하는 곳에
서 키운다.

그린 아이스 *Gasteraloe 'Green Ice'*

여름형 | 10cm

점무늬가 나는 방식이 모종에 따라 다르다.
마음에 드는 무늬를 찾아내는 재미가 있다.

Haworthia

하워르티아

아스포델루스과

원산지 남아프리카	재배 편이성 ★★☆	봄가을형

물주기 봄가을에는 흙이 마르면 듬뿍 준다. 휴면하는 여름, 겨울에는 적게 준다.

특징

자생지에서는 바위 그늘, 나무뿌리, 잡초에 가려져 조용히 서식한다. 잎이 투명하여 「창」이 아름다운 「연엽계」, 딱딱한 잎을 가진 「경엽계」, 잎에 하얀 털이 난 「레이스계」, 윗부분이 가로로 잘린 듯한 「만상」, 「옥선」 등이 있다.

재배 요령

하워르티아는 대부분 직사광선에 약하므로, 처마밑처럼 바람이 잘 통하는 밝은 반음지에서 키우는 것이 좋다. 봄가을 성장기에는 화분의 흙이 너무 건조해지지 않게, 마르면 듬뿍 준다. 겨울에는 5℃ 이상을 유지하는 장소에 둔다.

아한호

Haworthia 'Akanko'

봄가을형

8cm

진한 녹색의 큰 창에 난 줄무늬가 아름답다. 일조량이 부족하면, 웃자라서 잎이 위로 자라나므로 주의한다.

아라크노이데아

Haworthia arachnoidea

봄가을형

8cm

레이스계 하워르티아의 대표적 원종으로 많은 변이가 있다. 가늘고 길게 자란 털이 레이스처럼 보인다.

송설

Haworthia attenuata

봄가을형

8cm

잎에 눈이 내린 듯한 아름다운 무늬. 단풍이 들면 연한 주홍색에 하얀 눈 모양의 무늬가 돋보인다.

오드리

Haworthia 'Audeley'

봄가을형

11cm

길게 자라는 꽃줄기가 하워르티아의 특징이다. 꽃이 완전히 피면 모종이 약해지므로, 몇 송이 피었을 때 3cm 정도 줄기를 남기고 자른다(줄기가 완전히 시들면 뽑아낸다).

구룬탑
Haworthia coarctata

봄가을형 9cm

레인와르티종과 비슷하지만, 코아르크타타 종은 흰 줄무늬가 작고 가늘게 이어져 있다.

바카타
Haworthia coarctata 'Baccata'

봄가을형 8cm

넓은 잎이 겹쳐지듯 탑 모양으로 성장한다. 새끼 모종이 나오며 군생한다. 직사광선은 피한다.

블랙 샤크
Haworthia 'Black Shark'

봄가을형 8cm

다른 하워르티아에 없는 독특한 형태의 창이 잎끝에 있다. 작은 돌기도 있다.

차이나드레스
Haworthia 'Chinadress'

봄가을형 8cm

가느다란 잎에 반점이 있고, 모종 전체가 반투명으로 예쁘다. 잎 가장자리에 짧고 가는 톱니가 있다.

거대적선 오브투사
Haworthia cooperi 'Akasen Lens'

봄가을형 8cm

코오페리 중 창에 붉은 선이 있는 품종으로, 잎이 약간 붉은빛을 띤다. 투명해 보이는 창이 인상적이다.

히카루 오브투사
Haworthia cooperi hyb.

봄가을형 8cm

투명해 보이는 황록색 창에 교배원종인 설화(p.107)에서 유래한, 실 같은 무늬가 있다.

대창 스리가라스 달마 코오페리
Haworthia cooperi hyb.

봄가을형 9cm

붉은빛을 띠는 잎이 특징인 달마 코오페리로 잎끝의 창이 둥글고 큰 타입이다.

그린 오브투사
Haworthia cooperi hyb.

봄가을형 8cm

창 부분도 황록색이며 전체적으로 녹색 느낌이 강하다.

백기 오브투사
Haworthia cooperi hyb.

봄가을형 8cm

트룬카타(p.98)보다 윤기가 없고 흰빛을 띤다.

천진 오브투사
Haworthia cooperi hyb.

봄가을형　10cm

잎이 보랏빛을 띤다.

녹음
Haworthia cooperi var. *leightonii* 'Ryokuin'

봄가을형　8cm

뾰족한 잎끝에 짧은 털을 가진 레이토니. 녹음 외에 슈퍼레드 등 다른 색깔도 있다.

자전
Haworthia cooperi var. *leightonii* 'Shiden'

봄가을형　8cm

진한 녹색 잎의 뾰족한 끝부분에는 레이토니종답게 짧은 털이 있다.

필리페라
Haworthia cooperi var. *pilifera*

봄가을형　8cm

별명 옥로. 광물의 결정체 같은 세로로 긴 잎이다. 잎꽂이로는 번식이 잘 되지 않아서 포기나누기로 번식시킨다.

백반 필리페라 무늬종
Haworthia cooperi var. *pilifera* f. *variegata*

봄가을형　8cm

투명한 느낌의 백반(흰 반점)이 아름다워 인기 있는 품종이다. 강한 빛을 싫어하므로 밝은 반음지나 창가에 둔다.

트룬카타
Haworthia cooperi var. *truncata*

봄가을형　8cm

연엽계 하워르티아의 대표종이다. 볼록하게 둥글고 작은 잎이 밀집, 성장하여 군생한다. (현재 학명 obtusa는 사용하지 않고, 별명으로 사용)

COLUMN

하워르티아의 타입 분류 ①

잎끝이 반투명해서, 햇빛이 비치면 반짝이고 아름답게 빛나 인기가 많다. 하워르티아는 「연엽계」로 분류된다. 「오브투사계」라고도 한다.

하워르티아의 「창」은 남아프리카 자생지에서 건조한 토지에 반쯤 묻혀 있거나, 바위 그늘 등에 숨듯이 자라면서 빛을 흡수하기 위해 진화한 것이다.

하워르티아에는 「연엽계」, 「레이스계」, 그리고 타입 분류 ②(→p.108)에서 소개하는 「레투사계」, 「옥선」, 「경엽계」가 있다.

연엽계
잎끝에 빛을 흡수하는 「창」을 가진 타입.

옥재

레이스계
잎 테두리에 가늘게 자란 톱니가 레이스를 두르고 있는 것처럼 보인다.

아라크노이데아

보초
Haworthia cuspidata

봄가을형　9㎝

넓고 두꺼운 잎이 별모양 로제트를 만든다.
새끼 모종이 많이 나오므로 정기적으로 옮겨
심기한다.

경화
Haworthia cymbiformis var. *angustata*

봄가을형　11㎝

로제트 모양이 마치 장미꽃 같다. 추워지면
잎끝이 핑크색으로 물든다.

드래곤 볼
Haworthia 'Dragon Ball'

봄가을형　8㎝

포동포동한 잎이 울창한 로제트를 만든다.
도톰한 새끼 모종이 나온다. 더위와 다습한
환경에 주의한다.

에멜리애
Haworthia emelyae

봄가을형　13㎝

군생하는 에멜리애로, 삼각형 잎끝에 까칠까
칠한 요철이 있다. 몇 가지 변종이 있다.

위미
Haworthia emelyae var. *major*

봄가을형　8㎝

별명 마요르. 창 부분이 굵고, 짧은 털 같은
돌기로 덮여 울퉁불퉁한 인상을 준다.

초베리바
Haworthia fasciata 'Choveriba'

봄가을형　8㎝

이름이 재미있다. 흰 띠(밴드) 모양의 무늬
가 뚜렷하므로, 초 베리 와이드 밴드(超 very
wide Band)의 약자로 짐작된다.

백접
Haworthia fasciata 'Hakucho'

봄가을형　8㎝

십이지권에 반점이 난 품종. 라임그린색 잎
이 산뜻한 인상을 준다.

십이지권
Haworthia fasciata 'Jyuni-no-maki'

봄가을형　9㎝

파시아타종을 대표하는 품종이다. 잎 바깥쪽
에 하얀 결절이 연결된 줄무늬가 있다.

십이지조
Haworthia fasciata 'Jyuni-no-tsume'

봄가을형　8㎝

잎이 안쪽으로 완만하게 휘고, 끝이 붉어서
손가락처럼 보인다.

쇼트 리프
Haworthia fasciata 'Short Leaf'

| 봄가을형 | 8cm |

파시아타종 중에서도 잎이 가늘고 짧은 편이다. 하얀 결절이 가로줄무늬로 이어진다.

십이지권 수퍼 와이드 밴드
Haworthia fasciata 'Super Wide Band'

| 봄가을형 | 8cm |

십이지권(p.99)에는 다양한 종류가 있는데, 그중 흰 줄무늬가 굵어 인상적인 품종이다.

가메라
Haworthia 'Gamera'

| 봄가을형 | 9cm |

아름다운 레이스계 볼루시가 교배원종이다. 영화 「가메라」에 등장하는 괴수 가메라의 발톱처럼 생겼다.

글라우카 헤레이
Haworthia glauca var. *herrei*

| 봄가을형 | 8cm |

어둡고 푸른 칼날 모양의 잎이 특징이다. 새끼 모종도 많이 나오고 군생한다. 날렵하고 멋진 분위기가 난다.

그라킬리스
Haworthia gracilis

| 봄가을형 | 10cm |

꽃이 핀 듯한 로제트다. 보통 포기나누기하여 군생하므로 정기적으로 다시심기한다.

그라킬리스 픽투라타
Haworthia gracilis var. *picturata*

| 봄가을형 | 8cm |

그라킬리스종의 변종이다. 연두색 반투명 창이 예쁘다. 직사광선과 다습한 환경에 주의한다.

그린 젬
Haworthia 'Green Gem'

| 봄가을형 | 8cm |

하워르티아 교배종 중에서도 기이한 형태다. 만상과 트룬카타(p.98)가 교배원종이다.

그린 로즈
Haworthia 'Green Rose'

| 봄가을형 | 8cm |

옥선과 마그니피카의 교배종으로, 장미꽃 같은 형태로 변신한다. 교배의 묘미를 맛볼 수 있다.

백제성
Haworthia 'Hakuteijyo'

| 봄가을형 | 9cm |

자수정 같은 색조로 많은 팬을 두고 있다. 창에 반투명한 돌기반점이 있다.

코렉타×스프링

Haworthia hyb.

봄가을형 　10cm

세련된 색조의 창에 줄무늬가 있다. 코렉타
라고 불렸던 종은 현재 픽타와 같은 속에 속
한다.

백설회권

Haworthia hyb.

봄가을형 　8cm

백설희와 베누스타(venusta)의 교배종이다.
선 모양으로 나는 부드럽고 가는 돌기가 특
징이다.

춘뢰 ×오로라

Haworthia hyb.

봄가을형 　10cm

창에 번개 모양 무늬가 있다. 창의 투명감이
춘뢰와 비슷하다.

고적

Haworthia ‘Koteki’

봄가을형 　8cm

삼각형의 짧은 잎 바깥쪽에 작고 흰 점무늬
가 있다. 보통 새끼 모종이 나며 군생한다.

고적금

Haworthia ‘Koteki Nishiki’

봄가을형 　8cm

고적에 반점이 난 품종이다. 황록색이나 크
림색 반점이 불규칙하게 있다. 모아심기의
색조합에도 활용한다.

리미폴리아

Haworthia limifolia

봄가을형 　8cm

별명 유리전. 넓은 잎이 방향을 바꿔가며 겹
쳐진다. 리미폴리아 계열의 원종이다. 도드
라진 줄무늬가 특징이다.

유리전 무늬종

Haworthia limifolia f. *variegata*

봄가을형 　11cm

리미폴리아에 노란색 반점이 난 품종. 개체
에 따라 서로 다른 반점이 난 모습을 감상하
는 재미가 있다.

백문유리전

Haworthia limifolia ‘Striata’

봄가을형 　9cm

별명 화이트 스파이더. 하얀 줄무늬가 산뜻
하며, 별명처럼 거미줄이 연상된다.

마그니피카

Haworthia magnifica sp.

봄가을형 　8cm

크게 펼쳐지는 삼각형의 창이 특징인 마그니
피카. 변종과 교배종도 많다.

하워르티아속 / 아스포델루스과

백양궁
Haworthia 'Manda's hybrid'

`봄가을형`　`8cm`

밝은 라임그린색 잎이 특징이다. 새끼 모종
이 많이 나오며 군생한다.

만테리
Haworthia 'Manteri'

`봄가을형`　`8cm`

광물의 결정 같은 형태가 특징이다. 코오페
리계와 만상(maughanii)의 교배종이다.

대문자
Haworthia maughanii 'Daimonji'

`봄가을형`　`8cm`

진녹색 잎에 하얗고 선명한 줄무늬가 있다.
유통되는 수는 적지만, 팬이 많은 품종이다.

자황
Haworthia maughanii 'Shiko'

`봄가을형`　`10cm`

보랏빛이 도는 녹색 잎. 창의 줄무늬가 흰색
이 아니라 연한 연두색인 점이 특징이다.

빙설
Haworthia maughanii 'Hyosetsu'

`봄가을형`　`10cm`

잎이 부채꼴로 펼쳐지지만 만상으로 분류된
다. 창의 무늬가 눈 결정처럼 생겼다.

설국
Haworthia maughanii 'Yukiguni'

`봄가을형`　`8cm`

하얀 반투명 창에 작은 줄무늬가 있다. 잎 색
깔도 투명해 보여 고급스러운 인상을 준다.

미러 볼
Haworthia 'Mirror Ball'

`봄가을형`　`8cm`

광택 나는 큰 창과, 잎끝에 뾰족하게 서 있는
가늘고 짧은 톱니가 특징이다. 코오페리 계
열 교배종 중에도 인기 품종이다.

문둘라
Haworthia mirabilis var. *mundula*

`봄가을형`　`8cm`

수많은 변종을 가진 미라빌리스 중 하나. 잎
이 짧고, 창에 단순한 황록색 선이 있다.

파라독사
Haworthia mirabilis var. *paradoxa*

`봄가을형`　`8cm`

잎 표면에 투명한 점 같은 것이 도톨도톨하
게 나 있다.

올라소니
Haworthia 'Ollasonii'

| 봄가을형 | 8cm |

다갈색 잎과 녹색 계열 창의 대비가 세련되어 보인다. 하워르티아 모아심기에서 주인공으로도 활약한다.

픽타
Haworthia picta

| 봄가을형 | 8cm |

창에 난 작고 흰 반점이 창의 진한 녹색과 어우러져 눈에 띈다. 픽타종도 수많은 변종과 교배종이 있다.

픽타 클레오파트라×뫼비우스
Haworthia picta 'Cleopatra × Mevius'

| 봄가을형 | 10cm |

볼록하게 솟아오른 둥근 창에 흰 반점 무늬가 고급스러운 인상을 준다.

프린세스 드레스
Haworthia 'Princess Dress'

| 봄가을형 | 9cm |

늘씬하게 자란 잎과 큰 창을 가진, 투명감 있는 고급스러운 교배종이다. 봄에 꽃줄기가 자라나 하얀 꽃이 핀다.

푸밀라×바카타
Haworthia pumila× 'Baccata'

| 봄가을형 | 8cm |

같은 타입인 경엽계끼리 만난 교배종으로 많은 수수께끼를 품고 있다. 잎도 단단하고 보기 좋다.

동성좌
Haworthia pumila 'Papillosa'

| 봄가을형 | 8cm |

굵고 진한 녹색 잎에, 작은 동그라미를 아이싱으로 장식한 듯한 모습이 사랑스럽다. 튼튼하여 키우기 쉽다.

피그마이아
Haworthia pygmaea

| 봄가을형 | 9cm |

잎의 윗부분이 희끗하게 보이는 것은 짧고 미세한 하얀 털 때문이다.

피그마이아 슈퍼 화이트
Haworthia pygmaea 'Super White'

| 봄가을형 | 10cm |

한 가닥의 선을 남기며 양쪽에서 하얗고 미세한 털이 난다. 창이 둥글게 솟아올라, 모종 전체가 둥근 모습이다.

레인와르티
Haworthia reinwardtii

| 봄가을형 | 8cm |

용의 발톱 모양처럼 생긴 단단한 잎에 점무늬로 하얀 결절이 있다. 밑동에서 새끼 모종이 많이 나오며 군생한다.

카피르드리프텐시스
Haworthia reinwardtii 'Kaffirdriftensis'

봄가을형 9cm

하얀 결절이 있는 종은 대부분 가로줄무늬이지만, 이 품종은 세로줄무늬다.

성림
Haworthia reinwardtii var. *archibaldiae*

봄가을형 8cm

잎 뒷면이 둥글고, 하얀 결절이 흩어져 있다. 이름처럼 별들이 모인 숲이 연상된다.

자취
Haworthia resendeana

봄가을형 8cm

잎이 회전하듯이 나고, 위로 자라면서 아름다운 모습을 연출한다. 군생하는 모양도 보기 좋다.

레티쿨라타
Haworthia reticulata

봄가을형 8cm

연한 황록색 잎에 반투명한 둥근 반점이 있다. 물방울무늬 같아 사랑스럽다.

레투사
Haworthia retusa

봄가을형 8cm

뒤로 젖혀진 모양의 잎끝, 크고 투명한 삼각형의 창이 특징이다. 변종, 교배종도 많다.

수광
Haworthia retusa byb.

봄가을형 8cm

소형 레투사로 연한 황록색 반점이 있다. 새끼 모종이 왕성하게 나며 군생한다.

다육식물 관리 TIP ✂

새끼 모종이 늘어나 뿌리가 가득찼다

하워르티아 레투사
Haworthia retusa

1 오래된 뿌리가 엉켜 있거나 흙으로 막혀 있으면, 핀셋 등으로 살짝 찔러 본다.

2 잘 떨어지지 않는 새끼 모종은 주걱 모양의 도구로 찔러 넣거나 하여 떼어낸다.

3 그래도 떨어지지 않으면 꺾어도 괜찮다. 떼어낸 새끼 모종의 뿌리가 끊어져도, 조금 놓아두면 다시 뿌리가 난다.

4 어미 모종, 새끼 모종을 각각 심으면 완성.

실바니아

Haworthia mutica hyb.

봄가을형 8cm

볼록하고 큰 잎이 난다. 성장하면 창 전면이 하얗게 변하고, 녹색 잎맥이 선 모양으로 남는다.

정고

Haworthia 'Seiko'

봄가을형
8cm

옥선과 레투사의 교배종이다. 중심부의 잎은 일렬로 줄지어 나지만, 바깥쪽은 돌아 들어가는 독특한 모습이다.

자금성

Haworthia splendens hyb.

봄가을형 10cm

두꺼운 잎 끝부분에, 무수히 많은 흰 반점과 작고 반투명한 둥근 반점이 줄지어 있다.

스프링복블라켄시스

Haworthia springbokvlakensis

봄가을형 8cm

잎끝이 둥글고 편평하며, 큰 창에 줄무늬가 있다. 교배원종으로 쓰이는 경우가 많다.

스프링복 교배종

Haworthia springbokvlakensis hyb.

봄가을형 8cm

진한 보라색 잎에 창은 진녹색으로 반투명하다. 어두운 색조가 인상적인 교배종이다.

스프링복 교배종 KAPHTA

Haworthia springbokvlakensis 'KAPHTA'

봄가을형 10cm

스프링복 교배종의 하나. 뒤로 젖혀진 잎끝이 작아서 만상처럼 보이기도 한다.

옥재

Haworthia 'Tamaazusa'

봄가을형 8cm

투명한 창이 아름답다. 코오페리 계열의 교배종으로 짐작되지만, 정확한 교배원종은 알 수 없다.

파르바

Haworthia tessellata var. *parva*

봄가을형 8cm

살짝 뒤로 젖혀져 있는 삼각형의 창에 세로 줄무늬가 있다. 테셀라타종도 변종과 교배종이 많다.

오중탑

Haworthia tortuosa

봄가을형　9cm

뾰족한 잎이 돌려나기하며 겹쳐져 탑 모양으로 성장한다. 잎 위에 미세한 돌기가 있다.

환탑

Haworthia tortuosa f. *variegata*

봄가을형　8cm

날카로운 잎에 흰 얼룩무늬가 특징이다. 오중탑에 반점이 난 타입이다.

백려

Haworthia truncata 'Byakurei'

봄가을형　10cm

다갈색 잎에 푸른빛을 띤 흰 선이 약하게 물결치는 모양으로 나 있다.

그린 옥선

Haworthia truncata 'Lime Green'

봄가을형　8cm

옥선의 변종이 아니라, 다른 하워르티아 품종과의 교배종이다. 밝은 라임그린색이 인기가 많다.

시로나가스

Haworthia truncata 'Shironagasu'

봄가을형　10cm

크고 묵직한 형태가 고래를 연상시킨다. 흰 무늬는 수염으로 봐야 할까.

월영

Haworthia 'Tukikage'

봄가을형　12cm

젖은 것처럼 윤기가 나고 투명감 있는 잎과 창이 특징이다. 진녹색 창에 그물망 무늬가 멋지다.

축연 무늬종

Haworthia turgida f. *variegata*

봄가을형　9cm

잎이 길어서 창도 길며, 전체적으로 매우 투명해 보인다. 잎끝이 춤추듯 구불구불한 점이 특징이다.

옥녹

Haworthia turgida 'Tamamidori'

봄가을형　8cm

작고 뾰족한 삼각형의 잎이 장미꽃 모양의 작은 로제트를 만든다. 새끼 모종이 나오며 군생한다.

설화
Haworthia turgida var. *pallidifolia*

`봄가을형` `8cm`

연한 황록색, 작은 창, 반짝반짝 빛나 보이는
하얀 반점이 특징이다. 부드러운 느낌을 주
는 품종이다.

움브라티콜라
Haworthia umbraticola

`봄가을형` `12cm`

작은 삼각형의 잎이 로제트를 만들며 촘촘하
게 군생한다.

타이거 피그
Haworthia 'Tiger Pig'

`봄가을형` `8cm`

피그마이아와 모해의 교배종. 모해도 교배종
이며 다양한 유전정보가 섞인 품종이다.

설경색
Haworthia 'Yukigeshiki'

`봄가을형` `8cm`

흰 얼룩무늬, 반투명한 무늬의 창, 녹색 선들
이 빚어낸 그림 같은 모습이 아름답다.

사자수
Haworthia sp.

`봄가을형` `8cm`

들쭉날쭉한 작은 톱니가 있다. 소형 하워르
티아이지만 듬직해 보인다.

슈가 플럼
Haworthia sp.

`봄가을형` `8cm`

진한 녹색 잎에 잎끝의 창도 같은 계열의 색
으로, 진한 녹색의 하워르티아다.

세실리폴리아
Haworthia sp.

`봄가을형` `8cm`

잎 앞면이 반투명한 녹색이며, 뒷면은 보라
색이다. 새끼 모종이 많이 나오며 군생한다.

학성
Haworthia sp.

`봄가을형` `8cm`

황록색의 잎끝이 은은하게 붉은빛을 띤다.
가는 잎과 작고 하얀 결절이 섬세한 인상을
준다.

화경
Haworthia sp.

`봄가을형` `8cm`

투명감 있고 밝은 녹색 잎을 펼치며 성장한
다. 사랑스러운 로제트를 만들어 군생한다.

COLUMN / 하워르티아의 타입 분류 ②

레투사계

뒤로 젖혀진 큰 삼각형 모양으로 위를 향한 잎끝에 창이 있다. 창에 난 얼룩무늬와 줄무늬가 다채롭다.

옥선 · 만상

싹둑 잘린 듯한 잎끝에 반투명 창이 있다. 옆에서 볼 때 부채꼴로 자라는 것이 옥선이며, 나선 잎차례가 되는 것이 만상이다(나선 잎차례란 줄기 1마디당 잎이 1장씩 붙는 형태다).

경엽계

잎이 뾰족하고 단단한 타입으로, 줄무늬나 점무늬가 있다.

픽타

시로나가스　　　자황

리미폴리아　　　십이지권

Bulbine

불비네

아스포델루스과

원산지 남아프리카	재배 편이성 ★★☆	겨울형

물주기 가을~봄에는 흙이 완전히 마르면 듬뿍 준다. 여름에는 1달에 몇 번, 적은 양을 준다.

특징과 재배 요령

가을~봄에는 햇빛이 잘 들고 바람이 잘 통하는 곳에서 키운다. 일조량이 부족하면 잎이 웃자라므로 충분히 햇빛을 받게 한다. 여름철 휴면에 들어가 잎이 시들기 시작하면, 비를 맞지 않는 서늘한 곳에서 관리한다. 무더운 곳에 두면 시들 수 있으니 주의한다.

Poellnitzia

포엘니치아

아스포델루스과

원산지 남아프리카	재배 편이성 ★★☆	봄가을형

물주기 가을~봄에는 흙이 완전히 마르면 듬뿍 준다. 여름에는 1달에 몇 번, 적은 양을 준다.

특징과 재배 요령

아스트롤로바속의 근연종으로 잎이 나는 방식이 매우 비슷해서, 아스트롤로바속에 포함시켜야 한다는 의견도 있다. 재배 요령도 거의 같다. 처마밑 등 바람이 잘 통하는 반음지에서 키운다.

마르가레타이

Bulbine margarethae

겨울형

8cm

그물망 무늬가 있고 잎이 가늘다. 겨울에는 팥색 단풍이 든다. 땅속에 굵은 덩이뿌리가 생긴다.

청자탑

Poellnitzia rubriflora

봄가을형

8cm

잎이 가지런히 겹쳐지면서 성장하는 「탑」형태의 하나다. 푸른빛이 도는 녹색이 고급스럽다.

Euphorbia

유포르비아

대극과

원산지 아프리카, 마다가스카르 등	재배 편이성 ★★☆	여름형, 봄가을형, 겨울형

물주기 다른 다육식물에 비해 건조한 환경에 약하므로, 생육기에는 듬뿍 준다. 휴면기에도 완전히 마르지 않게 가끔씩 준다.

특징

유포르비아속은 전 세계(열대~온대)에 분포하는 큰 식물속이다. 그중 다육식물로 알려져 재배하는 것은 약 500종이다. 각각의 환경에 따라 줄기나 가지가 다육화하는 등 진화를 겪었다.

재배 요령

원산지 환경에 따라 다르지만, 기본적으로 햇빛이 잘 들고 바람이 잘 통하는 곳에 둔다. 추위에 약한 품종은 겨울에 햇빛이 잘 드는 실내로 옮긴다. 전체적으로 다른 다육식물에 비해 건조한 환경에 약하므로, 휴면기에도 완전히 마르지 않게 주의한다.

아이루기노사

Euphorbia aeruginosa

여름형

13㎝

가는 청자색 줄기에, 윤기 나는 구릿빛 가시와 가시자리가 일체가 된 듯 규칙적으로 줄지어 있다.

옹콩클라다

Euphorbia alluaudii ssp. *onconclada*

여름형

10㎝

가늘고 길게 자라는 줄기와 작은 잎이 독특하다. 꽃은 피지만, 유포르비아속은 암꽃과 수꽃이 각각 다른 그루에 있는 자웅이주가 많아 꽃가루받이로 열매를 맺으려면 암수 꽃가루가 만나야 한다.

옹콩클라다(철화)

Euphorbia alluaudii ssp. *onconclada* f. *cristata*

여름형

9㎝

줄기의 성장점에 이상이 생겨, 일반적이지 않은 형태로 성장했다.

철갑환

Euphorbia bupleurifolia

봄가을형

11㎝

파인애플 껍질처럼 보이는, 줄기의 울퉁불퉁한 부분은 겨울에 잎이 진 흔적이다. 다습한 환경에 약하므로 장마철과 여름에는 바람이 잘 통하는 장소에 둔다.

역인용

Euphorbia clandestina

여름형　10㎝

성장하면서 윗부분이 굵어지고, 구불구불한 상태로 자라난다. 말 그대로 용처럼 보인다.

코오페리

Euphorbia cooperi

여름형　10㎝

별명 유리탑. 퇴화한 막대 모양의 잎을 가진 유포르비아의 하나로, 성장이 빠르다. 수액에 독성이 있으므로 주의한다.

데카리

Euphorbia decaryi

여름형　11㎝

별명 꼬마꽃기린. 잎 아래쪽에 가지와 덩이뿌리가 있다. 원예 모종이 유통되고 있는데, 자생지에서 난 모종은 「워싱턴협약 부속서Ⅰ」에 등재되었다.

홍채각 (석화)

Euphorbia enopla f. *monstrosa*

여름형　9㎝

모종 전체에 날카로운 가시가 있다. 새싹이 자랄 무렵 가시가 붉게 물든다. 튼튼하여 키우기 쉽다.

공작환

Euphorbia flanaganii

여름형　13㎝

많은 가지가 문어다리처럼 나는 대표적인 품종이다. 1년에 몇 차례, 가지 끝에 작은 노란색 꽃이 핀다.

아미산

Euphorbia 'Gabizan'

여름형　10㎝

덩이뿌리 부분의 울퉁불퉁한 모양은 교배원종인 철갑환에서 유래했다. 여름철 고온다습한 환경, 직사광선에 약하다.

글로보사

Euphorbia globosa

여름형　10㎝

별명 옥린보. 구슬처럼 둥근 가지가 나며, 공을 쌓아놓은 듯 독특한 모습으로 성장한다.

COLUMN ✎　유포르비아의 하얀 수액

유포르비아는 대부분 독성이 강한 수액을 가지고 있다. 뿌리, 줄기, 잎에 상처가 생기면 나오는 하얀 수액은 피부와 눈을 자극하는 물질이 들어있으므로 주의한다.

- 피부나 눈에 직접 닿지 않도록 한다.
- 만약 수액이 묻으면, 바로 비누칠을 하고 꼼꼼하게 씻어낸다.
- 꺾꽂이할 경우, 줄기나 뿌리의 잘린 면에서 수액을 잘 닦아내거나 물로 씻어낸 후 잘린 면을 잘 말린다.
- 꺾꽂이 등은 바람이 잘 통하는 장소에서 실행한다.

홍채각

골리사나

Euphorbia golisana

여름형

8cm

붉고 긴 가시가 전체를 덮고 있다. 성장하면 군생하여 숲 같은 형태를 만든다.

귈라우미니아나

Euphorbia guillauminiana

여름형 14cm

겨울에 낙엽이 진다. 봄이 지나면 잎이 나기 시작하고 꽃도 핀다. 장마철, 여름의 다습한 환경과 겨울 추위에 약하다.

호리다

Euphorbia horrida

여름형 8cm

가시는 꽃이 피고 난 후 꽃자루가 남은 것이다. 직사광선에 약하므로 반음지에 둔다.

창룡탑

Euphorbia inconstantia

여름형 12cm

둥근 모양인 유포르비아는 물을 많이 저장할 수 있으므로, 물은 흙이 완전히 마른 후 준다.

구두룡

Euphorbia inermis

여름형 12cm

문어다리처럼 가지가 나는 품종도 흙이 완전히 마른 다음에 물을 준다. 너무 많이 주면 가지가 가늘고 약하게 자란다.

춘봉

Euphorbia lactea f. *cristata*

여름형 11cm

성장점이 띠 모양으로 이어진 락테아의 철화 타입이다. 흰색, 붉은색, 반점이 있는 것 등 다양한 변이를 가진다.

황금춘봉

Euphorbia lactea f. *cristata*

여름형 11cm

크림색 반점이 있다.

화이트 고스트

Euphorbia lactea 'White Ghost'

여름형

9cm

락테아의 백화품종. 새싹이 핑크색으로, 서서히 하얗게 변한다. 튼튼하여 키우기 쉽다.

백화기린

Euphorbia mammillaris f. *variegata*

| 봄가을형 | 8cm |

마밀라리스에 반점이 있는 품종이다. 색소가 빠져 있는 만큼 강한 햇빛에 약하므로, 한여름에 주의한다.

유포르비아 마우리타니카

Euphorbia mauritanica

| 여름형 | 11cm |

유포르비아 중에서 잎이 적고 가지만 무성해 보이는 타입의 하나다.

발리다

Euphorbia meloformis ssp. *valida*

| 여름형 | 8cm |

별명 만대. 공 모양 모종에 특징적인 줄무늬가 있다. 새끼치기를 하며, 꽃이 핀 후에 마른 꽃자루도 남는다.

꽃기린 원종

Euphorbia millii

| 여름형 | 12cm |

마다가스카르섬이 원산지. 지금도 새로운 자생지가 발견되고 있으며, 자생지마다 특징이 있다.

꽃기린 원예종

Euphorbia millii cv.

| 여름형 | 12cm |

전 세계 밀리 애호가들이 많은 원예종과 교배종을 만들고 있다.

꽃기린 교배종

Euphorbia millii hyb.

| 여름형 | 9cm |

전체적으로 촘촘히 난 가시와 사랑스러운 꽃이 특징이다. 나무의 모양도 다양하여 팬이 많은 품종이다.

COLUMN

개성이 풍부한 유포르비아

유포르비아속은 전 세계 여러 지역에 분포하는 큰 그룹으로, 2000종 정도가 속한다고 알려져 있다. 다육식물은 그중 500~1000종 정도이지만 자생지에 적합한 형태로 진화해서, 같은 속이라고 생각하기 어려울 정도로 개성적이고 다양한 모습을 띤다.

오베사

Euphorbia obesa

| 여름형 | 10cm |

동글동글한 모양과 체크무늬가, 자연의 산물이라고 믿을 수 없을 만큼 사랑스럽다.

심메트리카

Euphorbia obesa ssp. *symmetrica*

| 여름형 | 10cm |

오베사보다 조금 편평하다. 공 모양 품종은 체내에 물을 저장하고 있으므로, 물을 너무 많이 주면 안 된다.

고후키 심메트리카
Euphorbia obesa ssp. *symmetrica*

여름형 | 10cm

오베사 계열의 특징은, 공 모양 능에서 작은 새끼 모종을 몇 번이고 새끼치기(고후키)한다는 점이다.

폴리고나
Euphorbia polygona

여름형 | 8cm

겉모습이 비슷한 호리다와의 차이점은 꽃 색깔과 능의 개수다. 폴리고나는 꽃이 검보라색이며 능이 많다.

치아기린
Euphorbia pseudoglobosa

여름형 | 7cm

작고 둥근 모종이 촘촘하게 나므로, 다습한 환경에 주의한다. 고온다습한 시기에는 선풍기 등을 적절하게 이용한다.

소철기린
Euphorbia 'Sotetsukirin'

여름형 | 10cm

사진의 모종은 5~6년 차다. 천천히 성장해서 품격을 갖춘 모습이 된다. 인기 교배종.

희기린
Euphorbia submamillaris

여름형 | 8cm

기린이라는 이름이 붙은 유포르비아 중에는 소형에 속한다. 밑동에서 새끼 모종이 많이 나오며 군생한다.

포이소니
Euphorbia venenifica ssp. *poissonii*

여름형 | 12cm

수많은 교배종의 원종이기도 한 베네니피카의 아종이다. 잎끝에 약하게 물결치는 모양의 톱니가 있다.

COLUMN

선인장 가시와 유포르비아 가시

유포르비아속에는 선인장과처럼 가시를 가진 품종이 많다.
구분하는 포인트는, 선인장과의 가시에는 「가시자리」라는 기관이 있다는 점이다. 가시자리란 가시 밑동에 있는 흰 솜털 같은 부분으로, 짧게 퇴화한 가지가 변형된 것이다. 가시가 없는 선인장에도 가시자리는 있다. 반면 유포르비아속의 가시에는 가시자리가 없다.
가시가 생기는 방식에도 차이가 있다. 선인장과의 가시는 주로 「턱잎」이 변한 것으로 추정된다. 가시가 되어 잎의 수분 증산을 최소한으로 억제하고, 식해동물로부터 몸을 보호하는 기능을 한다.
유포르비아속의 가시는 턱잎이 변한 것, 꽃이 다 피고 난 다음 꽃자루가 단단해져 남은 것 등 다양하다.

코오페리
(유포르비아속)

반야
(선인장과)

Monadenium

모나데니움

대극과

원산지 아프리카 등	재배 편이성 ★★☆	여름형, 봄가을형

물주기 다른 다육식물에 비해 건조한 환경에 약하므로, 생육기에는 듬뿍 준다. 휴면기에도 완전히 마르지 않게 가끔씩 준다.

특징
유포르비아속의 근연종이다. 줄기와 가지가 다육화하여 오돌토돌해지거나, 잎이 퇴화하거나, 덩이뿌리가 커지는 등 개성 있는 모습을 감상하는 재미가 있다.

재배 요령
유포르비아속과 마찬가지로 뿌리가 약한 품종이 많고, 건조한 환경에 약하다. 오랜 시간 완전히 단수하면 뿌리가 약해지므로, 휴면기인 겨울에도 한 달에 몇 번은 물을 주어야 한다. 겨울에는 햇빛이 잘 드는 실내로 옮긴다.

엘렌베키
Monadenium ellenbeckii

여름형	10cm

아스파라거스처럼 생긴, 둥근 막대 모양 줄기에서 가지가 갈라져 나와 성장한다. 꺾꽂이로 번식시킨다.

자문룡
Monadenium guentheri

여름형	8cm

오톨도톨한 녹색 줄기가 위로 자라 40~50cm까지 성장한다. 모종 끝부분에 하얀 꽃이 핀다.

탄자니아 레드
Monadenium schubei 'Tanzania Red'

봄가을형	10cm

흰색과 붉은색의 대비가 아름다운 꽃이 9~12월에 핀다. 적자색 줄기도 아름답다.

리치에이
Monadenium ritchiei

여름형
10cm

초여름에 오톨도톨하고 포동포동한 줄기에서 잎이 났다가 금방 떨어지고, 작은 핑크색 꽃이 핀다. 한여름 직사광선에 취약하여 붉게 엽소 현상이 일어날 수 있으므로, 차광망 등으로 조절한다.

데카루데아에
Monadenium sp.

봄가을형	11cm

연한 크림그린색과 흰색 얼룩무늬, 핑크색 잎의 대비가 예쁘다. 보통 새끼 모종이 난다.

Pedilanthus

페딜란투스

대극과

원산지 아프리카	재배 편이성 ★★☆	여름형

물주기 다른 다육식물에 비해 건조한 환경에 약하므로, 생육기에는 듬뿍 준다. 휴면기에도 완전히 마르지 않게 가끔씩 준다.

특징과 재배 요령

기본적으로는 유포르비아속과 같다. 1년 내내 햇빛이 잘 드는 곳에서 키운다. 생육기인 5~9월 무렵은 흙이 마르면 물을 듬뿍 주고, 휴면기에는 적게 준다. 날씨가 따뜻해지면 조금씩 물의 양을 늘린다.

여름형 8cm

모종 전체가 하얀 가루로 덮여 있으며, 잎에도 흰 반점이 있어 말할 수 없이 아름답다.

스말리 나나

Pedilanthus smallii nana

Jatropha

야트로파

대극과

원산지 중앙아시아, 동인도제도 등	재배 편이성 ★★☆	여름형

물주기 흙이 완전히 마른 다음 듬뿍 준다. 겨울에는 단수한다.

특징과 재배 요령

추위에 약하므로, 최저기온이 15℃를 밑돌면 햇빛이 잘 드는 실내로 옮긴다. 잎이 지기 시작하면 조금씩 물의 양을 줄이고, 잎이 모두 떨어지면 단수한다. 초봄에 잎이 나면 조금씩 물을 주기 시작하고, 여름과 같은 정도로 물을 준다.

여름형 15cm

둥글고 풍성한 덩이뿌리와 깊이 파인 잎이 특징이다. 여름에 코랄핑크색 꽃이 핀다.

금산호

Jatropha berlandieri

Lithops
리토프스
석류풀과 (메셈류)

원산지 남아프리카	재배 편이성 ★☆☆	겨울형

물주기 가을~봄에는 흙이 마르면 듬뿍 준다. 그 후 조금씩 줄여나가다가 휴면하는 여름에는 거의 단수한다.

특징	**재배 요령**
한쌍의 잎과 줄기가 합쳐진 보기 드문 형태로, 동물의 먹이가 되지 않게 진화하면서 돌에 의태한 결과라고 알려져 있다. 남아프리카 건조지대의 모래, 자갈이 섞인 토양에 서식한다. 아름다운 무늬와 색조로 「살아 있는 보석」이라 불린다.	보기 좋게 키우는 요령은 가을~봄에 바람이 잘 통하는 장소에서, 햇빛을 듬뿍 받게 하는 것이다. 봄철에 오래된 잎이 갈라져 탈피가 시작되면, 새싹까지 탈피해 버리는 이중 탈피를 막기 위해 물을 적게 준다.

일륜옥
Lithops aucampiae

겨울형	6cm

적갈색 창에 다갈색 그물망 무늬가 있다. 튼튼해서 초보자도 키우기 쉬운 품종이다.

잭슨즈 제이드
Lithops aucampiae 'Jackson's jade'

겨울형	7cm

일륜옥의 이형으로 노란 표피에 노란 꽃이 핀다.

브롬피엘디
Lithops bromfieldii

겨울형	6cm

이 모종의 색은 수수하지만, 브롬피엘디는 변종이 많아 적자색, 노란색 등 여러 가지 색이 있다.

글라우디나이
Lithops bromfieldii var. *glaudinae*

겨울형	6cm

마찬가지로 수수한 색조를 가진 변종이다. 가을에 노란 꽃이 핀다.

황미문옥
Lithops fulviceps 'Aurea'

겨울형	6cm

미문옥의 돌연변이. 연한 황록색 창에 진한 녹색 점무늬가 있다. 이름을 보면 노란색이 연상되지만 가을에 피는 꽃은 흰색이다.

116

리토프스 할리

Lithops hallii

겨울형

6cm

「망목파리옥」이라고도 한다. 깔끔한 적갈색 그물망 무늬가 아름다워 팬이 많은 품종이다. 파리옥의 선발품종으로 꼽히고 있으나 명확하지 않은 점도 많다. 가을에 하얀 꽃이 핀다.

리토프스 헬무티

Lithops helmutii

겨울형　6cm

잎이 둘로 갈라지는 타입이다. 잎색이 투명해 보이는 청회색인 점이 특징이다.

리토프스 후커리

Lithops hookeri

겨울형　6cm

별명 부귀옥. 사람 뇌 같은 그물망 무늬가 특징이다. 색과 모양이 다양하며 변종, 아종이 있다.

자갈부귀옥

Lithops hookeri var. *subfenestrata* 'Brunneoviolacea'

겨울형　6cm

부귀옥 중에서 자줏빛을 띤 갈색 타입이다. 창 부분의 무늬가 바탕색 밑으로 가라앉은 것처럼 보인다.

리토프스 줄리

Lithops julii

겨울형　6cm

많은 변종과 아종이 있으며, 색이나 무늬가 매우 다양하다. 하얀 꽃이 핀다.

리토프스 줄리 레티쿨라타

Lithops julii 'Reticulata'

겨울형　6cm

회색 창에 적갈색 무늬가 선명하다.

홍창옥

Lithops julii ssp. *fulleri* 'Kosogyoku'

겨울형　6cm

무늬가 눈에 잘 띄지 않고, 윤기 없는 붉은색이다. 겨울에 크고 하얀 꽃이 핀다.

녹복래옥

Lithops julii ssp. *fulleri* var. 'Fullergreen'

겨울형　6cm

복래옥이 녹색으로 변한 변이종이다. 에메랄드그린색 모종에 하얀 꽃이 핀다.

주순옥
Lithops karasmontana 'Syusingyoku'

겨울형

6㎝

카라스몬타나(화문옥)의 개량종으로, 선명한 붉은 무늬가 인상적이다. 하얀 꽃이 핀다.

탑레드
Lithops karasmontana 'Topred'

겨울형

6㎝

눈에 띄게 붉은 그물망 무늬가 특징이다.

알비니카
Lithops lesliei ssp. lesliei var. 'Albinica'

겨울형

6㎝

별명 백화황자훈. 리토프스의 기본형인 「리토프스 레슬리에이(*Lithops lesliei*)」의 아종이다. 창에 들어간 선명한 노란색이 특징이다.

그레이 자훈
Lithops lesliei 'Grey'

겨울형

6㎝

회색빛을 띤 녹색 무늬가 있다.

자갈자훈
Lithops lesliei var. *rubrobrunnea*

겨울형

6㎝

검붉은 구릿빛 창에 진한 보라색 무늬가 있다.

여춘옥
Lithops localis 'Peersii'

겨울형

6㎝

모종 윗부분이 둥글게 부풀어 6~8구로 분구한다. 연한 복숭아색 창에 점무늬가 있다.

리토프스 마르모라타
Lithops marmorata

| 겨울형 | 6㎝ |

볼록하고 둥그스름한 모양이 사랑스럽다. 가을~겨울에 하얀 꽃이 핀다.

리토프스 나우레에니아이
Lithops naureeniae

| 겨울형 | 6㎝ |

연한 팥색과 회색빛을 띤 녹색의 대비가 고급스럽다. 가을에 노란 꽃이 핀다.

곡옥
Lithops pseudotruncatella

| 겨울형 | 7㎝ |

규석이나 운모편암에 의태한다. 회갈색이며 갈라진 틈이 좁고 가지무늬, 점무늬가 있다.

리토프스 스쿠안테시
Lithops schwantesii

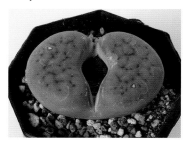

| 겨울형 | 6㎝ |

흰빛을 띠는 색조의 품종이다. 색이 다른 변종과 아종이 많은데, 모두 흰빛을 띤다.

리토프스 교배종
Lithops hyb.

| 겨울형 |
| 9㎝ |

교배원종이 불분명하거나 팻말이 떨어져 버려 이름을 알 수 없는「교배종」들이다. 잎 모양, 윗부분 창의 색조와 모양이 조금씩 다르다. 꽃도 색은 같지만 화관의 모양이 조금씩 다르다. 교배종을 키운다면, 그 교배원종이 무엇인지 추측해 보는 일도 하나의 재미다.

COLUMN / **리토프스가 웃자랐다면 다음 탈피까지 기다린다**

받침대 모양의 키 작은 리토프스를 보기 좋게 키우려면 가을~봄 성장기에 햇빛을 듬뿍 받게 하는 것이 중요하다. 이 시기에 일조량이 부족하거나 바람이 잘 안 통하면「웃자라게」되어, 가늘고 약하게 위로 자라 버린다.

이때 다른 다육식물처럼 몸통자르기나 옮겨심기를 하면 안 된다. 다음「탈피」를 기다리는 것이 좋다.

그 기간 동안, 휴면기인 여름에는 처마밑이나 차광망 등을 이용하여 바람이 잘 통하는 반음지에서 관리한다. 가을~봄에 햇빛을 충분히 받게 하고 다음 탈피를 기다리면, 이듬해 리토프스다운 새싹이 나기 시작한다.

웃자란 모종의 가운데에서 새싹이 나고 있다.

Conophytum
코노피툼

석류풀과 (메셈류)

원산지 남아프리카	재배 편이성 ★★☆	겨울형

물주기 가을~봄에는 흙이 마르면 듬뿍 준다. 그 후 조금씩 줄여나가다가 휴면하는 여름에는 거의 단수한다.

특징
공 모양, 버선(또는 안장) 모양 등 2장의 잎만 가지며, 둥근 모양으로 진화한 모습이 귀엽다. 위로 활짝 피는 선명한 색의 꽃도 인기가 있어, 많은 원예종이 만들어지고 있다.

재배 요령
리토프스와 마찬가지로 탈피를 통해 성장한다. 모종이 작고 휴면하는 여름에 단수하면 시들어 버리므로, 1달에 2번 정도 적은 양의 물을 준다. 가을에 물을 주기 시작하면 오래된 잎 사이로 새싹이 돋아난다. 한겨울에는 햇빛이 잘 드는 실내에 둔다.

브로우니
Conophytum ectypum ssp. *brownii*

겨울형

6cm

소형으로 군생하는 「엑티품」의 아종으로, 적자색 줄무늬가 있다. 꽃은 연한 핑크색이다.

피시포르메
Conophytum ficiforme

겨울형

7cm

연두색 잎에 적자색 점무늬가 있다. 군생하며, 적자색과 흰색의 그러데이션이 예쁜 꽃이 핀다.

플라붐
Conophytum flavum

겨울형

8cm

안장 모양으로 보통 군생한다. 머스캣그린색 잎의 윗부분에 작고 반투명한 점무늬가 있다.

코노피툼 플라붐 노비시움
Conophytum flavum ssp. *novicium*

겨울형

7cm

밤에 피는 코노피툼 중 하나다. 낮에 피는 꽃에 비하면 수수하지만, 벌레를 유혹하는 향을 발산한다.

우월
Conophytum gratum

`겨울형`　`6㎝`

평평한 조약돌 모양으로, 반투명한 점무늬가 있다. 선명한 핑크색 꽃이 핀다.

헤레안투스
Conophytum herreanthus

`겨울형`　`7㎝`

큰 잎이 좌우로 나뉘며 번갈아 난다. 헤레안투스속에서 바뀌었다.

루이사에
Conophytum luisae

`겨울형`　`6㎝`

낮은 버선 모양 위로 적자색 얼룩무늬가 있다. 가을에 노란 꽃이 핀다.

노타툼
Conophytum minimum 'Notatum'

`겨울형`　`7㎝`

밑동의 적자색과 같은 색으로 윗부분에 멍자국 같은 무늬가 있다.

위테베르겐세
Conophytum minimum 'Wittebergense'

`겨울형`　`7㎝`

색이나 무늬가 다른 변종과 아종이 많은 미니뭄으로, 여기서는 넝쿨무늬를 가진다.

문둠
Conophytum obcordellum 'Mundum'

`겨울형`　`7㎝`

보라색과 황록색의 대비가 아름다운 품종이다. 옵코델룸의 원예종이다.

옥언
Conophytum obcordellum 'N. Vredendal'

`겨울형`　`10㎝`

시든 꽃이 잎에 남아 있으면 색소침착을 일으킬 수 있으므로, 일찍 떼는 것이 좋다.

왕궁전
Conophytum occultum

`겨울형`　`6㎝`

작은 버선 모양의 잎이 군생하는 모습이 사랑스럽다.

페아르소니
Conophytum pearsonii

`겨울형`　`6㎝`

가을에 잎이 보이지 않을 만큼 큰 핑크색 꽃이 핀다. 잎에 무늬가 거의 없다.

펠루시둠 3㎞ 콩코르디아
Conophytum pellucidum '3km n Concordia'

`겨울형`　`7㎝`

색, 무늬, 형태에 있어 다양한 변종과 아종을 가진 펠루시둠 계열의 하나.

펠루시둠 네오할리
Conophytum pellucidum var. *neohallii*

`겨울형`　`7㎝`

네오할리 기본 품종이다. 녹색 모종에 베이지색 무늬가 있다. 다른 색 네오할리도 있다.

플랏바키즈
Conophytum pubescens 'W Platbakkies'

`겨울형`　`7㎝`

푸베스켄스의 원예종으로, 원종의 미세한 털이 없다. 윗부분에 크고 투명한 창이 있다.

축전
Conophytum 'Shukuten'

`겨울형`　`10㎝`

버선 모양의 잎 한쌍이 마주 보듯 나며 군생한다. 꽃은 오렌지색이다.

자화축전
Conophytum cv. 'Shukuten'

`겨울형`　`10㎝`

꽃 색깔이 축전과 다르다. 흰색~핑크색 그러데이션이 아름다운 꽃이 핀다.

수적옥
Conophytum 'Suitekidama'

`겨울형`　`10㎝`

알알이 군생하여 사랑스러운 품종이다. 습기와 열기로 짓무르지 않도록 통풍에 주의한다. 가을에 연보라색 꽃이 핀다.

선라인
Conophytum 'Sunline'

`겨울형`　`13㎝`

버선 모양의 손톱 끝에 붉은 선이 있다. 노란 꽃이 조그맣게 핀다.

섭글로보숨
Conophytum truncatum 'Subglobosum'

`겨울형`　`8㎝`

반투명한 점무늬가 돋보인다. 트룬카툼 그룹은 모두 비슷하다.

우비포르메
Conophytum uviforme

`겨울형`　`8㎝`

둥글게 부푼 하트 모양 잎에 실밥 무늬가 있다. 밤에 피는 하얀 꽃이 좋은 향기가 난다.

우비포르메 힐리
Conophytum uviforme 'Hillii'

`겨울형`　`8cm`

윗부분에 점무늬와 실밥 무늬가 있다.

벨루티눔
Conophytum velutinum

`겨울형`　`10cm`

버선 모양의 잎 사이에 피는, 선명한 살구색 꽃이 사랑스럽다.

주자왕
Conophytum 'Zushiou'

`겨울형`　`8cm`

윗부분에 있는 반점에 요철이 있어서 울퉁불통하게 보인다. 밤에 하얀 꽃이 핀다.

다육식물 관리 TIP

코노피툼과 리토프스의 「탈피」

코노피툼의 1년

초여름(5월 하순~6월 상순)
조금씩 잎에 주름이 잡히고,
표피가 갈색으로 변하기 시작한다.

여름(7~8월)
겉으로는 시든 듯 보이지만,
갈색 껍질을 쓰고 휴면하는 상태다.
시든 것은 아니니까 괜찮다.

초가을(9월 상순)
성장기에 접어들면 갈색으로 시든
껍질을 찢고 새싹이 돋아난다.
물을 조금씩 더 준다.

→

탈피한 껍질을 제거한다.

1 오래된 껍질이 시들어 있다.

2 새잎이 손상되지 않도록 주의하면서, 핀셋으로 집어 제거한다.

3 시든 꽃눈도 제거한다.

4 위로 단번에 뽑아서 제거한다.

5 깨끗하게 청소 완료.

리토프스의 1년

초봄(2월 무렵)
잎에 주름이 잡히기 시작하면, 탈피한다는 신호다.

봄(4월 중순~)
오래된 잎이 둘로 갈라지면서
안쪽에 새잎이 보인다.

여름(6~7월)
오래된 잎이 시들고 안쪽에서 새잎이 나온다.

→

탈피한 껍질을 제거한다.

1 코노피툼의 잎은 오래되어도 시들지 않고 새로 난 잎 주위에 남는다.

2 새잎이 상하지 않게 주의하면서 핀셋으로 집어 제거한다.

3 위로 단번에 뽑아서 제거한다.

Aloinopsis

알로이놉시스

석류풀과 (메셈류)

원산지	남아프리카 등	재배 편이성	★☆☆	겨울형

물주기 휴면기인 여름에는 1달에 몇 번, 주변 흙이 살짝 촉촉해질 만큼 준다. 그 밖의 계절에는 흙이 충분히 마른 다음 듬뿍 준다.

특징
남아프리카를 중심으로 강우량이 적은 지역에 자생한다. 다육질의 잎 표면에는 미네랄과 염분을 저장하기 위한, 알갱이 모양의 돌기가 생기는 경우가 많다.

재배 요령
햇빛이 잘 들고 바람이 잘 통하는 곳에 둔다. 습기에 약하므로, 비를 피할 수 있도록 지붕 등이 있고 바람이 잘 통하는 실외에 둔다. 겨울에는 서리를 맞지 않도록, 0℃를 밑돌면 햇빛이 잘 드는 실내로 옮긴다.

천녀운 *Aloinopsis malherbei*

겨울형 / 10cm
우아하게 넓어지는 큰 잎을 가진다. 끝부분의 흰 돌기가 날개옷을 꾸미는 장식 같다. 큰 크림색 꽃이 핀다.

오르페니 *Aloinopsis orpenii*

겨울형 / 8cm
별명 금휘옥. 두툼하면서도 하늘하늘 흔들리는 듯한 잎 모양이 특징이다. 잎 전면에 작고 흰 알갱이가 있다.

Antegibbaeum

안테깁바이움

석류풀과 (메셈류)

원산지	남아프리카	재배 편이성	★★☆	겨울형

물주기 휴면기인 여름에는 1달에 몇 번, 주변 흙이 살짝 촉촉해질 만큼 준다. 그 밖의 계절에는 흙이 충분히 마르면 듬뿍 준다.

특징과 재배 요령
남아프리카 건조지대의 모래, 자갈이 섞인 토양에서 자생한다. 고온다습한 환경에 약하므로, 장마가 시작된 후 한여름 관리에 주의한다. 그 기간 동안 거의 단수하며, 처마밑이나 차광망을 이용하여 반음지에서 키운다. 내한성이 높아 따뜻한 지역에서는 실외재배도 가능하다.

벽옥 *Antegibbaeum fissoides*

겨울형 / 7cm
포동포동하게 부푼 잎이 쌍으로 난다. 잎 바깥쪽에는 코끼리 피부 같은 주름이 있다.

Ihlenfeldtia

일렌펠드티아

석류풀과 (메셈류)

원산지	남아프리카	재배 편이성	★★☆	겨울형

물주기 휴면기인 여름에는 1달에 몇 번, 주변 흙이 살짝 촉촉해질 만큼 준다. 그 밖의 계절에는 흙이 충분히 마르면 듬뿍 준다.

특징과 재배 요령
케이리돕시스(Cheiridopsis)에서 분리된 새로운 속이다. 고온다습한 환경에 약하므로, 장마가 시작된 후 한여름 관리에 주의한다. 그 기간 동안 거의 단수하며, 처마밑이나 차광망을 이용하여 반음지에서 키운다. 내한성이 높다.

반질리 *Ihlenfeldtia vanzylii*

겨울형 / 8cm
잎에 코끼리 피부 같은 주름과, 알갱이 모양의 돌기가 있다. 선명한 노란색 꽃이 핀다.

Phyllobolus

필로볼루스

석류풀과(메셈류)

원산지	남아프리카	재배 편이성	★☆☆	겨울형

물주기 휴면기인 여름에는 1달에 몇 번, 주변 흙이 살짝 촉촉해질 만큼 준다. 그 밖의 계절에는 흙이 충분히 마른 다음 듬뿍 준다.

특징
남아프리카 고원지대의 평원과 암석지대에 자생한다. 미네랄과 염분을 저장하기 위한 작은 알갱이가 다육질의 잎 표면을 덮고 있다.

재배 요령
장마철과 한여름 관리에 주의한다. 이 시기에는 거의 단수하며, 직사광선도 피하여 처마 밑이나 차광망을 이용하여 반음지에서 키운다. 추위에 강하지만, 겨울에는 물을 적게 주고 0℃ 이하가 되면 실내로 옮긴다.

Pleiospilos

플레이오스필로스

석류풀과(메셈류)

원산지	남아프리카	재배 편이성	★☆☆	겨울형

물주기 휴면기인 여름에는 1달에 몇 번, 주변 흙이 살짝 촉촉해질 만큼 준다. 그 밖의 계절에는 흙이 충분히 마른 다음 듬뿍 준다.

특징
석류풀과답게 수분을 듬뿍 머금은 잎이 돌처럼 보이는 품종이다. 가을~봄에 성장하는 겨울형으로, 고온다습한 환경에 약하므로 장마철과 한여름을 넘기려면 주의가 필요하다.

재배 요령
가을~봄의 성장기에는 햇빛을 듬뿍 받게 한다. 장마철과 한여름에는 거의 단수하며, 직사광선도 피하여 처마밑이나 차광망을 이용하고 반음지에서 관리한다. 진딧물이 붙기 쉬우므로 정기적으로 옮겨심기한다.

레수르겐스
Phyllobolus resurgens

`겨울형`
`8cm`

별명 서덜랜드. 줄기가 굵어지는 덩이뿌리식물이다. 중심부의 굵은 줄기에서 가지가 사방팔방으로 자란다. 잎 표면에 작은 알갱이가 있다.

테누이플로루스
Phyllobolus tenuiflorus

`겨울형`
`7cm`

줄기가 굵어지는 덩이뿌리식물이다. 가지나 꽃자루가 옆으로 구불구불 자란다. 꽃자루에는 벨벳 같은 털이 있다. 여름에 낙엽이 지고 휴면한다.

넬리
Pleiospilos nelii

`겨울형`
`8cm`

별명 제옥. 반구 모양에 가까운 두꺼운 잎 표면에 작은 녹색 반점이 있다. 큰 오렌지색 꽃이 핀다.

넬리 로열 플래시
Pleiospilos nelii 'Royal Flash'

`겨울형`
`8cm`

별명 자제옥. 넬리에서 잎 부분이 보라색으로 변한 원예종이다. 꽃은 진한 핑크색이다. 새끼 모종이 나기 어려워 종자번식시킨다.

Argyroderma
아르기로데르마
석류풀 과 (메셈류)

원산지	남아프리카	재배 편이성	★☆☆	겨울형

물주기 휴면기인 여름에는 1달에 몇 번, 주변 흙이 살짝 촉촉해질 만큼 준다. 그 밖의 계절에는 흙이 충분히 마른 다음 듬뿍 준다.

특징과 재배 요령
속명은 「은백색의 잎」이라는 뜻이다. 여름철 고온다습한 환경에 약하므로 여름철 관리에 주의한다. 성장기에도 다습한 환경이 되면 잎이 갈라질 수 있으므로, 바람이 잘 통하는 장소에서 관리한다. 한겨울 0℃를 밑도는 시기에는 햇빛이 잘 드는 실내로 옮긴다.

델라이티
Argyroderma delaetii

겨울형

8cm

꽃색이 붉은색, 핑크색, 노란색, 흰색 등 개체에 따라 달라진다. 8겹의 꽃이 피는 거베라(gerbera)처럼 꽃이 크다.

Oscularia
오스쿨라리아
석류풀 과 (메셈류)

원산지	남아프리카	재배 편이성	★★★	겨울형

물주기 휴면기인 여름에는 1달에 몇 번, 주변 흙이 살짝 촉촉해질 만큼 준다. 그 밖의 계절에는 흙이 충분히 마른 다음 듬뿍 준다.

특징과 재배 요령
남아프리카 케이프반도에만 몇 종이 자생하는 작은 속이다. 줄기가 점차 목질화하면서 가지가 갈라져 나와 떨기나무 모양이 된다. 겨울형으로, 한겨울 추위에 약한 석류풀과 중에서는 비교적 내한성이 있고 튼튼하여 키우기 쉽다.

금조국
Oscularia deltoides

겨울형

11cm

작은 톱니가 있는 잎이 나면서 떨기나무로 자란다. 가을~겨울에 햇빛을 잘 받으면 단풍이 든다. 꽃은 핑크색이다.

Glottiphyllum
글로티필룸
석류풀 과 (메셈류)

원산지	남아프리카	재배 편이성	★★★	겨울형

물주기 휴면기인 여름에는 1달에 몇 번, 주변 흙이 살짝 촉촉해질 만큼 준다. 그 밖의 계절에는 흙이 충분히 마른 다음 듬뿍 준다.

특징과 재배 요령
남아프리카에 60종 정도가 존재하는 것으로 확인된다. 3개의 능에서 혀 모양 잎이 난다. 여름철 더위나 한겨울 추위에 약한 석류풀과 중에는 내서성과 내한성이 비교적 높고, 튼튼하여 잘 번식한다. 따뜻한 지역은 겨울에도 실외재배가 가능하다.

조을녀
Glottiphyllum nelii

겨울형

10cm

넓은 잎이 부채 모양을 만든다. 가을에 피는 노란색 꽃과 머스캣그린색 잎이 아름답다.

Stomatium
스토마티움
석류풀과(메셈류)

원산지	남아프리카	재배 편이성 ★★★	겨울형
물주기	휴면기인 여름에는 1달에 몇 번, 주변 흙이 살짝 촉촉해질 만큼 준다. 그 밖의 계절에는 흙이 충분히 마른 다음 듬뿍 준다.		

특징과 재배 요령
기본적으로 튼튼하여 키우기 쉽지만, 여름철 고온다습한 환경에 약하므로 바람이 잘 통하는 반음지에서 키운다. 사람에게도 편안한 기온인 5~20℃쯤에서 잘 자란다. 5℃를 밑돌면 햇빛이 잘 드는 실내로 옮긴다.

세주옥
Stomatium duthieae

겨울형
10㎝

잎 전면에 작은 돌기가 있고, 잎끝에는 톱니가 있다. 십자마주나기로 가지런히 난 형태다. 작은 잎에 다양한 정보로 채워져 있다.

Titanopsis
티타놉시스
석류풀과(메셈류)

원산지	남아프리카	재배 편이성 ★★☆	겨울형
물주기	휴면기인 여름에는 1달에 몇 번, 주변 흙이 살짝 촉촉해질 만큼 준다. 그 밖의 계절에는 흙이 충분히 마른 다음 듬뿍 준다.		

특징과 재배 요령
남아프리카의 비가 적은 건조한 땅에서 자생한다. 물을 준 후에는 흙을 충분히 건조시키는 일이 중요하다. 혹독한 환경을 견뎌내기 위해, 잎끝에 미네랄과 염분의 저장을 위한 알갱이가 붙어있다.

천녀영
Titanopsis schwantesii 'Primosii'

겨울형
10㎝

잎끝에 오각형이나 육각형의 하얀 알갱이가 있는데, 여기에 미네랄과 염분을 저장한다. 봄~초여름에 노란 꽃이 핀다.

Dinteranthus
딘테란투스
석류풀과(메셈류)

원산지	남아프리카	재배 편이성 ★★☆	겨울형
물주기	휴면기인 여름에는 1달에 몇 번, 주변 흙이 살짝 촉촉해질 만큼 준다. 그 밖의 계절에는 흙이 충분히 마른 다음 듬뿍 준다.		

특징과 재배 요령
탈피도 하는 등 리토프스의 생태에 가깝다. 1년 내내 비나 서리를 맞지 않고 바람이 잘 통하는 밝은 장소에서 관리한다. 고온다습한 여름에는 처마밑이나 차광망 등을 이용하여, 바람이 잘 통하는 반음지에서 키운다. 여름에는 선풍기 등을 사용하는 것도 좋은 방법이다.

능요옥
Dinteranthus vanzylii

겨울형
7㎝

사진은 어린 모종이라 무늬가 없지만, 성장하면 리토프스처럼 그물망 무늬가 나타난다.

Trichodiadema
트리코디아데마
석류풀과(메셈류)

원산지	남아프리카	재배 편이성 ★★★	겨울형

물주기	휴면기인 여름에는 1달에 몇 번, 주변 흙이 살짝 촉촉해질 만큼 준다. 그 밖의 계절에는 흙이 충분히 마른 다음 듬뿍 준다.

특징과 재배 요령
남아프리카의 넓은 지역에 50종 정도가 분포한다. 잎이 작고 끝에 가는 가시가 있는 점이 특징이다. 성장할수록 뿌리줄기가 비대해지는 덩이뿌리식물 중 하나다. 겨울철 추위에도 비교적 강하므로 잘 재배하면 오래 키울 수 있다.

White fl.
Trichodiadema sp.

`겨울형`
`7cm`

천연 분재라고도 불리는 트리코디아데마. 성장하면서 줄기, 가지, 뿌리가 굵어지고 가지가 재미있는 모양이 된다.

Nananthus
나난투스
석류풀과(메셈류)

원산지	남아프리카	재배 편이성 ★☆☆	겨울형

물주기	휴면기인 여름에는 1달에 몇 번, 주변 흙이 살짝 촉촉해질 만큼 준다. 그 밖의 계절에는 흙이 충분히 마른 다음 듬뿍 준다.

특징과 재배 요령
자른 면이 삼각형인 다육질 잎이 난다. 성장이 느려서 무럭무럭 자라지는 않지만, 자랄수록 뿌리줄기가 비대해져 덩이뿌리식물이 된다. 남아프리카 중앙지역에 10종 정도가 자생하는 희귀 품종이다.

나난투스
Nananthus sp.

`겨울형`
`7cm`

잎 전면에 작은 반점이 있다. 겉모습이 아직 믿음직스럽지 않지만, 몇 년쯤 지나면 훌륭한 덩이뿌리식물이 된다.

Echinus
에키누스
석류풀과(메셈류)

원산지	남아프리카	재배 편이성 ★☆☆	겨울형

물주기	휴면기인 여름에는 1달에 몇 번, 주변 흙이 살짝 촉촉해질 만큼 준다. 그 밖의 계절에는 흙이 충분히 마른 다음 듬뿍 준다.

특징과 재배 요령
남아프리카 남단에 5종이 알려져 있을 뿐인 희귀 품종이다. 여름철 고온다습한 환경에 약하므로, 여름에는 바람이 잘 통하는 반음지에 두고 물은 되도록 적게 준다. 겨울에는 0℃ 이상을 유지할 수 있는 장소에 둔다. 브라운시아(Braunsia)속으로 보는 견해도 있다.

벽어연
Echinus maximiliani

`겨울형`
`12cm`

물고기가 입을 빠끔 대고 있는 듯한 모습이 사랑스러워 인기 있는 품종이다. 재배가 조금 어려우므로 관리를 철저히 해야 한다. 물을 좋아하므로 마르면 듬뿍 준다.

Frithia
프리티아
석류풀과 (메셈류)

원산지	남아프리카	재배 편이성	★☆☆	봄가을형에 가까운 여름형

물주기 흙이 충분히 마른 다음 듬뿍 준다. 휴면기인 겨울에는 적게 준다.

특징과 재배 요령
석류풀과에 드문 여름형이다. 온도관리에 문제가 발생하지 않게 주의한다. 겨울에 5℃를 밑돌면 햇빛이 잘 드는 실내로 옮기고, 거의 단수한다. 한여름인 8월 말고는 햇빛이 잘 들고 바람이 잘 통하는 곳에서 키운다.

풀크라
Frithia pulchra

여름형

10cm

별명 광옥. 윗부분의 창을 포함해서 막대 모양의 잎 표면에 무수히 많은 흰 반점이 있다. 한여름의 강한 직사광선 말고는 햇빛을 듬뿍 받게 한다.

Bergeranthus
베르게란투스
석류풀과 (메셈류)

원산지	남아프리카	재배 편이성	★★☆	겨울형

물주기 휴면기인 여름에는 1달에 몇 번, 주변 흙이 살짝 촉촉해질 만큼 준다. 그 밖의 계절에는 흙이 충분히 마른 다음 듬뿍 준다.

특징과 재배 요령
남아프리카 건조지대에 자생하므로, 잎에 수분을 충분히 머금고 있어 강인하고 튼튼한 품종이다. 추위에도 비교적 강하므로, 따뜻한 지역은 실외에서 겨울을 나는 것도 가능하다.

조파 무늬종
Bergeranthus multiceps f. *variegata*

겨울형

8cm

새싹이 라임그린색이며, 성장이 안정되면 녹색이 된다. 홀쭉하고 뾰족한 잎으로 군생한다.

Ruschia
루스키아
석류풀과 (메셈류)

원산지	남아프리카	재배 편이성	★★☆	봄가을형

물주기 휴면기인 여름에는 1달에 1번 정도 준다. 그 밖의 계절에는 흙이 충분히 마른 다음 듬뿍 준다.

특징과 재배 요령
남아프리카에 자생하는 소형종이다. 겨울철 휴면기와 여름철 반휴면기가 있다. 겨울철 추위에 비교적 강하므로 따뜻한 지역은 실외 재배도 가능하다. 반면 여름철 고온다습한 환경에 대한 대책이 중요하여, 비를 맞지 않고 바람이 잘 통하는 장소에서 관리한다.

인두라타
Ruschia indurata

봄가을형

7cm

조금 두꺼운 잎이 십자마주나기하여, 가지런히 정리된 인상을 준다. 포기나누기, 꺾꽂이로 번식시킨다.

Agave
아가베

용 설 란 과

원산지	멕시코를 중심으로 한 미국 남부~중미	재배 편이성 ★★★	여름형

물주기 봄~가을에는 흙이 마르면 듬뿍 준다. 겨울에는 거의 단수하며, 1달에 1번 정도 준다.

특징

잎끝에 날카로운 가시가 있는 것, 날씬하고 세련된 잎, 얼룩무늬가 아름다운 것 등 품종마다 특징적인 모습을 즐길 수 있다. 최초로 들어온 것은 반점이 있는 아가베 아메리카나로 「용설란」이라는 이름이 붙었다.

재배 요령

자생지가 건조지대이므로, 비가 많이 내리는 계절이나 여름철 다습한 시기에는 비를 맞지 않는 장소로 옮기는 등 주의가 필요하다. 추위에 강하여 실외 땅에 심을 수 있는 종류와, 추위에 약한 종류가 있다(5℃를 밑도는 시기에는 햇빛이 잘 드는 실내에 둔다).

용설란

Agave americana

`여름형` `10cm`

자생지에서는 3m가 넘는다. 내한성이 높아, 따뜻한 지역에서 야생화한 경우도 있다.

보비코르누타

Agave bovicornuta

`여름형` `10cm`

적갈색 가시가 와일드한 분위기를 자아낸다. 넓은 잎이 크게 휜 모습도 볼 만하다.

번트 버건디

Agave 'Burnt Burgundy'

`여름형` `15cm`

가는 잎을 장식하는 버건디레드색 테두리가 스타일리시하고 세련되어 보인다.

셀시 노바

Agave 'Celsii Nova'

`여름형` `10cm`

잎 가장자리에 나는 적갈색 가시와 푸른빛을 띠는 잎이 고급스러운 인상을 준다. 새끼 모종이 나오며 번식한다.

아가베의 워터마크와 성장 흔적

아가베를 비롯한 다육식물의 잎에는 하얀 얼룩 같은 것이 보이는 경우가 있다. 이를 「워터마크」라고 하는데, 물을 줄 때 잎에 남은 물이 증발한 흔적이다(따라서 물을 줄 때는 되도록 잎에 닿지 않게 한다).

하지만 아가베에는 워터마크로는 설명할 수 없는 무늬가 또 하나 있다. 잎 가운데 보이는 작은 아치 모양의 선(오른쪽 확대사진)이다. 이는 아가베가 성장한 흔적이다. 잎이 아직 조금 겹쳐져 있을 때 난 가시의 흔적이, 잎이 벌어지고 성장한 후에도 남아 있는 것이다. 문질러서 깨끗하게 만들고 싶더라도, 잎이 망가져 떨어지므로 절대 문지르지 않는다.

블루 엠퍼러
Agave 'Blue Emperor'

여름형 13cm

잎을 둘러싼 검은 가시와 진한 녹색 잎이 특징이다. 전체적으로 어둡고 차분한 인상을 준다.

다실리리오이데스
Agave dasylirioides

여름형 12cm

가시가 거의 눈에 띄지 않으며, 곧고 가는 잎이 아름다운 품종이다.

디포르미스
Agave difformis

여름형 15cm

잎 바깥쪽에 펜으로 그린 듯한 줄무늬가 있다. 가시가 검은색인 타입도 있다.

물티필리페라
Agave filifera ssp. *multifilifera*

여름형 10cm

잎 주위에 있는 하얀 실 모양의 섬유(필라멘트)가 필리페라 그룹의 특징이다.

제미니플로라
Agave geminiflora

여름형 14cm

가는 잎에 필라멘트가 있다. 유연하게 펼쳐지는 잎과 필라멘트가 생동감 있는 분위기를 자아낸다.

지에스브레티
Agave ghiesbreghtii

여름형 10cm

잎이 두껍고 딱딱하다. 잎끝과 가장자리에 난 가시도 날카롭다.

기간텐시스 란초 솔레다드
Agave gigantensis 'Rancho Soledad'

여름형 10cm

회색빛이 도는 녹색 잎 가장자리에 갈색 가시가 있다. 성장하면 로제트의 지름도 높이도 1m 정도가 된다.

이스멘시스
Agave isthmensis

여름형

15cm

별명 뇌제. 아가베는 바깥지름이 30cm도 안 되지만 당당한 모습을 지녔다. 포타토룸과 너무 비슷하여 혼동하기도 한다. 이스멘시스 쪽이 잎이 짧고, 잎을 둘러싼 가시 끝이 구불구불하며 톱니의 들어간 부분이 깊어 전체적으로 거친 분위기다. 수많은 변종, 아종, 원예종이 있다.

왕비뇌신 무늬종

Agave isthmensis 'Ouhi Raijin' f. *variegata*

`여름형` `10cm`

연두색과 백중반의 대비가 아름답다. 반점이 있는 타입은 여름철 직사광선에 약하므로, 반음지에서 관리한다.

세만니아나 × 이스멘시스

Agave hyb.

`여름형` `10cm`

전체 형태는 세만니아나(seemanniana), 가시의 느낌은 이스멘시스에게 이어받은 듯하다.

케르초베이 후아주아판 레드

Agave kerchovei 'Huajuapan Red'

`여름형` `12cm`

케르초베이의 원예종이다. 아가베에는 흔치 않은 붉은 계열의 색이다.

오색만대

Agave lophantha 'Quadricolor'

`여름형` `10cm`

진녹색, 녹색, 줄무늬 색, 반점의 크림색, 가시의 적갈색 등 여러 색의 조합이 아름답다.

리틀 펭귄

Agave macroacantha 'Little Penguin'

`여름형` `10cm`

잎끝이 길고 날카로운 가시가 특징인, 마크로아칸타의 원예종이다.

오카후이

Agave ocahui

`여름형` `10cm`

가늘고 긴 잎, 적갈색 테두리, 가시가 특징이다. 이런 담백한 모습에서도 아가베의 아름다움이 느껴진다.

포타토룸

Agave potatorum

`여름형` `13cm`

물결치는 듯한 로제트 모양이 아름답다. 여러 가지 변종과 아종이 있으며, 교배원종인 품종도 많다.

카메론 블루

Agave potatorum 'Cameron Blue'

`여름형` `13cm`

적갈색의 긴 가시와 가지런한 모양이 인상적이다. 아가베가 「성장해 온 흔적」이 뚜렷하다.

큐빅

Agave potatorum 'Cubic'

`여름형` `15cm`

포타토룸의 몬스트로사종. 잎이 십자 모양으로 나거나, 가시가 두 갈래로 나뉘는 등 특이한 형태가 매력적이다.

길상관 무늬종
Agave potatorum 'Kisshoukan' f. *variegata*

여름형 | 21㎝

길상관에는 여러 가지 반점이 있는데, 이 품
종의 경우 복륜반이다. 적갈색 손톱과의 대
비가 화려하다.

드래곤 토우즈
Agave pygmaea 'Dragon Toes'

여름형 | 10㎝

하얀 가루로 덮인 잎과 용의 발톱처럼 생긴
날카로운 톱니가 특징이다.

살미아나 크라시스피나
Agave salmiana ssp. *crassispina*

여름형 | 10㎝

톱니의 간격이 넓어서, 잎에 남은 성장의 흔
적도 크다.

슈리베이 마그나
Agave shrevei ssp. *magna*

여름형 | 10㎝

대형 아가베. 땅에 심으면 2m가 넘는 늠름한
모습으로 자란다.

취상
Agave stricta

여름형 | 10㎝

가늘고 부드러운 잎이 방사형으로 펼쳐진다.
아가베답지 않은 모습이지만 변종과 아종도
있다.

티타노타
Agave titanota

여름형 | 10㎝

길고 날카로운 가시로는 아가베 중 최강이
다. 가시는 처음에 갈색이었다가 성장할수록
하얗게 변한다.

세설
Agave victoriae-reginae

여름형 | 12㎝

잎 능선의 하얀 테두리가 특징으로 인상적이
다. 새끼 모종이 많이 나오며 군생한다.

워코마히
Agave wocomahi

여름형 | 10㎝

땅에 심으면 2m 넘게 자란다. 내한성이 높아
한랭지 이외에서는 겨울도 날 수 있다.

자일로나칸타
Agave xylonacantha

여름형 | 10㎝

성장하면, 흰 수염 같은 것이 가시를 포함해
서 잎 가장자리를 덮는다.

Albuca
알부카
용 설 란 과

원산지	남아프리카	재배 편이성 ★★★	봄가을형

물주기 가을~봄에는 흙이 마르면 듬뿍 준다.
여름에는 1달에 1번, 흙 표면이 촉촉해질 만큼 준다.

특징과 재배 요령
가을~봄에 성장기를 맞이하는 알뿌리식물이다. 햇빛을 좋아하므
로 충분히 받게 한다. 휴면기인 여름에는 지상부가 시들어서 알뿌
리만 남게 되는 품종이 많다. 여름에는 거의 단수하고, 가을에 잎이
자라나면 적극적으로 물을 주기 시작한다.

Ornithogalum
오르니토갈룸
용 설 란 과

원산지	남아프리카	재배 편이성 ★★☆	봄가을형

물주기 가을~봄에는 흙이 마르면 듬뿍 준다.
여름에는 1달에 1번, 흙 표면이 촉촉해질 만큼 준다.

특징과 재배 요령
날씬하고 가는 잎, 원기둥 모양의 잎 등 독특한 모습이 재미있는 알
뿌리식물이다. 기본적으로 「가을에 심는 품종」이지만 품종에 따라
다르므로 확인해야 한다. 가을에 잎이 자라면 물주기를 시작한다.
여름철 휴면기에는 바람이 잘 통하는 반음지에서 거의 단수하여
관리한다.

Sansevieria
산세비에리아
용 설 란 과

원산지	아프리카	재배 편이성 ★★★	여름형

물주기 봄~가을에는 흙이 마르면 듬뿍 준다.
겨울에는 1달에 1번 정도로 거의 단수한다.

특징과 재배 요령
잎에 붉은 테두리나 반점이 있는 등 잎의 모습이 아름답다. 봄~가
을에는 햇빛이 잘 드는 실외에서 키운다. 자생지는 건조지대이지
만, 다습한 환경에 비교적 강하다. 반면 추위에 약하므로 10℃ 이
하가 되면 햇빛이 잘 드는 실내로 옮긴다.

후밀리스
Albuca humilis

봄가을형
11㎝

양파 같은 알뿌리에
서 가는 잎이 자란
다. 더위와 추위에도
강하고 튼튼하여, 여
름이 지나도 잎이 남
는 타입이다. 꽃은
봄에 핀다.

히스피둠
Ornithogalum hispidum

봄가을형
11㎝

잎에 부드러운 털이
있고, 초여름에 하얀
꽃이 핀다. 꽃이 지
면 휴면하고, 가을에
다시 잎이 자란다.

본셀렌시스
Sansevieria boncellensis

여름형
10㎝

좌우 번갈아 나며 부
채 모양으로 펼쳐지
는 독특한 형태로,
신비로운 존재감을
드러낸다. 추위에 약
하다.

Drimiopsis
드리미옵시스
용 설 란 과

원산지	남아프리카	재배 편이성 ★★★	여름형

물주기 봄~가을에는 흙이 마르면 듬뿍 준다.
　　　　잎이 떨어지고 알뿌리만 남으면 다음해 봄까지 단수한다.

특징과 재배 요령
이전에는 「히아신스과」에 속하기도 했으므로, 알뿌리식물로 여기고 재배하면 이해하기 쉽다. 봄~가을에는 햇빛이 잘 드는 장소에 두고 물도 듬뿍 준다. 기온이 내려가면 서서히 물의 양을 줄이고 잎이 모두 떨어지면 단수한다.

마쿨라타
Drimiopsis maculata

여름형
8cm

초여름에 꽃줄기가 자라나 작고 하얀 꽃이 핀다(수상꽃차례). 기온이 내려가면 낙엽이 지고 다음해 봄에 다시 싹이 튼다.

Bowiea
보위아
용 설 란 과

원산지	남아프리카	재배 편이성 ★★☆	여름형, 겨울형

물주기 여름형은 봄~가을에 흙이 마르면 듬뿍 준다.
　　　　겨울형은 가을~봄에 듬뿍 준다.

특징과 재배 요령
뿌리와 줄기가 굵어지며 수분과 영양을 저장하는 덩이뿌리식물의 하나다. 성장기에는 덩이뿌리에서 덩굴이 자라 잎이 나며, 작고 하얀 꽃이 핀다. 키우기 쉬운 종류지만 여름형과 겨울형이 있으므로, 재배할 때는 도감 등을 미리 확인한다.

창각전
Bowiea volubilis

여름형
11cm

갈색의 얇은 껍질 밑으로 비취색 알뿌리가 있다. 덩굴이 갈색이 되어 시들기 시작하면, 서서히 물의 양을 줄이고 모두 떨어지면 단수한다.

Ledebouria
레데보우리아
용 설 란 과

원산지	남아프리카	재배 편이성 ★★★	여름형

물주기 봄~가을에는 흙이 마르면 듬뿍 준다.
　　　　잎이 떨어지고 알뿌리만 남으면 다음해 봄까지 단수한다.

특징과 재배 요령
봄~가을에는 햇빛이 잘 드는 장소에 두고 물을 듬뿍 준다. 기온이 내려가면 서서히 물의 양을 줄이고, 잎이 모두 떨어지면 단수한다. 추위에 비교적 강하지만, 겨울철에는 실내에서 관리하는 편이 무난하다.

표문
Ledebouria socialis 'Violacea'

여름형
10cm

불규칙한 점무늬가 인상적. 초여름에 은방울꽃처럼 총상꽃차례로 꽃이 핀다.

Pachypodium
파키포디움

협 죽 도 과

원산지 마다가스카르, 아프리카	재배 편이성 ★☆☆	여름형

물주기 봄~가을에는 화분 속 흙이 완전히 마르고 며칠 지난 다음 듬뿍 준다. 잎이 떨어지기 시작하면 적게 주고, 잎이 모두 지면 다시 날 때까지 단수한다.

특징

덩이뿌리식물 중에서도 특히 인기가 많다. 비대해진 줄기를 가진 덩이뿌리식물이다. 줄기가 원통 모양이 되거나 편평하게 펼쳐지는 등 다양하여 마니아들의 마음을 자극하지만, 품종에 따라 재배 요령이 다르므로 주의한다.

재배 요령

몇 년 동안 건강하게 성장한 후 나빠질 수 있는데, 주요 원인은 지나친 물주기와 강한 직사광선이다. 기본적으로 햇빛이 잘 들고 바람이 잘 통하는 곳에서 키워야 하지만, 비 오는 날에 처마밑 등으로 옮기거나 한여름에는 차광망 등으로 보호해야 한다.

브레비카울레　여름형

Pachypodium brevicaule

「에비스 웃음」이라고도 한다. 옆으로 편평하게 성장하는 덩이줄기가 독특해서 인기 있는 품종이다. 해발 1400~2000m의 바위산에서 자생한다. 암석지대의 갈라진 틈이나 건조한 평원 등에서 자생하며, 성장이 매우 느린 것이 큰 특징이다. 여름철 고온다습한 날씨와 겨울철 추위에 약하다. 장마철과 여름에는 습기와 열기에 짓무르지 않도록 선풍기 등을 이용하여 관리한다.

그락실리우스　여름형

Pachypodium rosulatum var. *gracilius*

속명인 파키포디움은 그리스어 pachys(두꺼운/통통한)와 pous(다리)의 합성어다. 둥글고 크게 비대해진 뿌리줄기가 정말 「통통한 다리」 같은 모습이 사랑스러워 인기 있는 품종이다. 노란색 꽃이 핀다. 그락실리우스를 건강하게 오래 키우는 요령은 물을 지나치게 주지 않고, 바람이 잘 통하도록 키우는 것이다.

8cm　2년 차.

9cm　5~10년 차.

8cm　2~3년 차의 모습. 아직 줄기는 보통 크기.

10cm　수십 년 차. 줄기가 둥근 모양이 되었다.

20cm　수십 년이 지나서 가까스로 이 크기가 되었다.

노란색 꽃이 피었다.

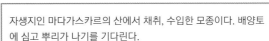
자생지인 마다가스카르의 산에서 채취, 수입한 모종이다. 배양토에 심고 뿌리가 나기를 기다린다.

비스피노숨
Pachypodium bispinosum

여름형　18cm

가지 끝에 턱잎에서 변화한 가시가 있다. 여름이 되면 종 모양의 귀엽고 연한 핑크색 꽃이 핀다.

게아이
Pachypodium geayi

여름형　14cm

날카로운 가시, 잎 표면에 얇게 난 미세한 털이 특징이다. 추위에 약하지만 튼튼해서 키우기 쉽다.

호롬벤세
Pachypodium horombense

여름형　18cm

사진에서 큰 것은 수십 년, 작은 것은 2년 차다. 뿌리가 가늘어서 휴면기인 겨울에도 1달에 1번 정도 적은 양의 물을 준다.

라메레이
Pachypodium lamerei

여름형　10cm

게아이와 비슷하지만 라메레이의 잎에는 미세한 털이 없다. 튼튼해서 키우기 쉬운 점은 같다.

광당
Pachypodium namaquanum

여름형　8cm

굵은 병처럼 생긴 줄기와 물결치는 듯한 벨벳 털이 아름다워 인기가 많다. 재배는 조금 어려운 면도 있다.

로술라툼
Pachypodium rosulatum

여름형　14cm

파키포디움의 대표종인 로술라툼의 기본종이다. 꽃이 노란색이며 변종, 아종이 많다.

에부르네움
Pachypodium rosulatum var. *eburneum*

여름형　18cm

로술라툼은 변종에 따라 꽃 색깔이 다르다. 하얀 꽃이 핀다.

칵티페스
Pachypodium rosulatum var. *cactipes*

여름형　10cm

로술라툼의 변종 중 하나로, 다른 종에 비해 붉은빛이 도는 표피가 특징이다. 꽃은 노란색이다.

서쿨렌툼
Pachypodium succulentum

여름형　20cm

비스피노숨과 매우 비슷해 보이지만 꽃으로 구분할 수 있다. 꽃잎이 5장으로 보일 만큼 깊게 찢어져 있다.

Orbea

오르베아

협죽도과

원산지 아프리카	**재배 편이성** ★★☆	**여름형**

물주기 봄~가을에는 화분 속 흙이 완전히 마르면 듬뿍 준다. 이후 서서히 줄이다가 10℃ 이하가 되면 완전히 단수한다.
벚꽃 필 무렵에 조금씩 물을 주기 시작한다.

특징

박주가리과에서 과명이 바뀌었다. 뾰족한 돌기가 줄지어 있는 굵은 줄기가 특징이다. 줄기에서 바로 불가사리 모양의 꽃이 핀다. 박주가리과의 꽃은 파리떼가 꽃가루를 옮기므로 불쾌한 냄새가 나는 종류가 많다.

재배 요령

봄~가을에는 실외에 햇빛이 잘 들고 바람이 잘 통하며 비를 맞지 않는 곳에 두지만, 직사광선에 약하므로 처마밑에 두거나 차광망 등으로 대책을 마련한다. 다습한 환경에도 주의한다. 겨울에 5℃를 밑돌면 햇빛이 잘 드는 실내로 옮긴다.

카우다타

Orbea caudata

여름형

8㎝

줄기에서 날카로운 가시가 돋보인다. 꽃잎이 가시처럼 가늘고 노란색이다. 냄새가 강하다.

나마쿠엔시스

Orbea namaquensis

여름형

8㎝

지름이 6~8㎝나 되는 큰 꽃이 박력 있다. 가까이 다가가면 꽃에 미세한 털이 있는 것을 알 수 있다.

세미투비플로라

Orbea semitubiflora

여름형

8㎝

가시가 돋보이는 줄기에 진한 갈색 얼룩 무늬가 있다. 꽃잎이 가늘고 진한 주홍색으로, 냄새가 나는 꽃이 핀다.

루테아

Orbea semota var. *lutea*

여름형

8㎝

노란 꽃이 불가사리 모양이며, 꽃잎 가장자리에 하얀 털이 난다. 키 작은 줄기 밑부분에서 꽃이 핀다.

한번 보면 잊을 수 없는 박주가리과의 꽃

독특한 냄새로 벌레를 유인하여 수분을 유도한다. 박주가리과의 꽃은 신비롭고, 눈부시게 아름다우며, 기묘하고, 재미있다. 꽃만 다른 생물인 것 같다. 밤이 되면 피기 시작한다. 색, 무늬, 질감이 정말 다양한 박주가리과 꽃의 세계를 소개한다.

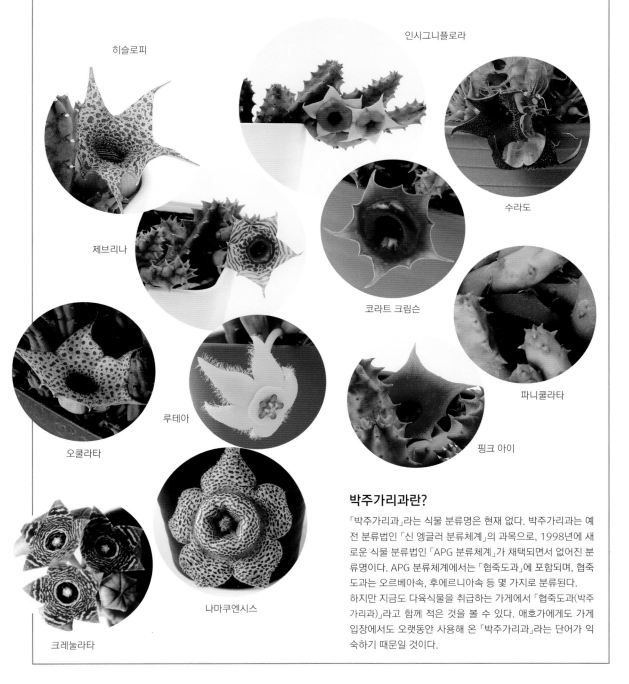

히슬로피

인시그니플로라

제브리나

수라도

코라트 크림슨

오쿨라타

루테아

파니쿨라타

핑크 아이

크레눌라타

나마쿠엔시스

박주가리과란?

「박주가리과」라는 식물 분류명은 현재 없다. 박주가리과는 예전 분류법인 「신 엥글러 분류체계」의 과목으로, 1998년에 새로운 식물 분류법인 「APG 분류체계」가 채택되면서 없어진 분류명이다. APG 분류체계에서는 「협죽도과」에 포함되며, 협죽도과는 오르베아속, 후에르니아속 등 몇 가지로 분류된다.

하지만 지금도 다육식물을 취급하는 가게에서 「협죽도과(박주가리과)」라고 함께 적은 것을 볼 수 있다. 애호가에게도 가게 입장에서도 오랫동안 사용해 온 「박주가리과」라는 단어가 익숙하기 때문일 것이다.

Huernia

후에르니아

협죽도과

원산지 아프리카~아라비아반도	재배 편이성 ★★☆	여름형

물주기 봄~가을에는 화분 속 흙이 완전히 마르면 듬뿍 준다. 이후 서서히 줄이다가 10℃ 이하가 되면 완전히 단수한다.
벚꽃 필 무렵에 조금씩 물을 주기 시작한다.

특징

박주가리과에서 과명이 바뀌었다. 원산지에 약 50종이 자생한다. 각진 줄기에 뾰족한 돌기나 작은 가시 등이 나고, 그 줄기에서 별 또는 불가사리 모양의 꽃이 핀다. 도톰한 몸통에 요염한 색조나 점무늬 등이 예술작품처럼 보인다.

재배 요령

봄~가을에는 실외에 햇빛이 잘 들고 바람이 잘 통하며 비를 맞지 않는 곳에 두지만, 직사광선에 약하므로 처마밑에 두거나 차광망 등으로 대책을 마련한다. 다습한 환경에도 주의한다. 겨울에 5℃를 밑돌면 햇빛이 잘 드는 실내로 옮긴다.

아각

Huernia brevirostris

여름형	10cm

높이 5cm 정도의 줄기가 촘촘하게 나 있다. 여름에는 노란색에 작은 점무늬가 있는, 꽃잎이 5장인 별 모양의 꽃이 핀다.

히슬로피

Huernia hislopii

여름형
8cm

줄기의 가시가 하얗고 단단하여 마치 괴수의 발톱 같다. 꽃은 오프화이트색에 붉은 반점이 있다.

인시그니플로라

Huernia insigniflora

여름형
8cm

별로 커지지 않고, 지표면에 넘어질 듯한 모습으로 자란다. 노란색과 붉은색의 독특한 꽃이 핀다.

코라트 크림슨
Huernia 'Korat Crimson'

| 여름형 | 8cm |

줄기에 둥근 얼룩무늬가 있다. 새빨간 립스틱을 바른 입술처럼 요염한 꽃이 핀다.

코라트 스타
Huernia 'Korat Star'

| 여름형 | 8cm |

줄기에 단단한 가시가 난다. 노란색 꽃에 얇은 구름 모양의 핑크색 얼룩무늬가 있다.

수라도
Huernia macrocarpa

| 여름형 | 9cm |

줄기에 난 가시는 잎이 퇴화한 것으로, 찔려도 아프지 않다. 뿌리에서 적자색 꽃이 핀다.

오쿨라타
Huernia oculata

| 여름형 | 8cm |

가는 줄기가 넘어질 듯한 모습으로 자라난다. 노란색에 붉은 점무늬가 있는 꽃이 핀다.

아수라
Huernia pillansii

| 여름형 |

| 11cm |

줄기에 가늘고 부드러운 가시가 촘촘하게 나 있다. 노란색 꽃에 작은 붉은색 점이 있고, 작은 돌기도 있다.

핑크 아이
Huernia 'Pink Eye'

| 여름형 | 8cm |

코랄핑크색 그러데이션과 작은 점무늬가 사랑스러운 꽃이 핀다.

제브리나
Huernia zebrina

| 여름형 |

| 8cm |

분포지와 자생지가 넓고 다양한 꽃이 피는 제브리나 기본종. 아종과 변종 모두 꽃잎은 얼룩무늬다. 화심(꽃 한가운데 꽃술이 있는 부분)에 무늬나 반점이 있는 등 다양하다. 아종, 변종에 따라 색이 달라진다.

Stapelia

스타펠리아

협죽도과

원산지 남아프리카, 열대 아시아, 중남미	재배 편이성 ★★☆	여름형

물주기 봄~가을에는 화분 속 흙이 완전히 마르면 듬뿍 준다. 이후 서서히 줄이다가 10℃ 이하가 되면 완전히 단수한다.
벚꽃 필 무렵이 되면 조금씩 물을 주기 시작한다.

특징
박주가리과에서 과명이 바뀌었다. 아프리카나 열대 아시아 등의 황무지나 바위산 같은 건조한 환경에 서식한다. 냄새가 강한 꽃이 핀다.

재배 요령
봄~가을에는 실외의 햇빛이 잘 들고 바람이 잘 통하며 비를 맞지 않는 곳에 두지만, 직사광선에 약하므로 처마밑에 두거나 차광망 등으로 대책을 마련한다. 다습한 환경에도 주의한다. 겨울에 5℃를 밑돌면 햇빛이 잘 드는 실내로 옮긴다.

디바리카타
Stapelia divaricata

여름형
8cm

스타펠리아답게 각진 줄기다. 꽃은 불가사리 모양으로, 흰 바탕에 붉은 얼룩무늬가 있다.

그란디플로라
Stapelia grandiflora

여름형
8cm

별명 대화서각. 지름이 10cm가 넘고, 붉고 가는 가로줄무늬에 털이 많아 강한 인상의 꽃이 핀다.

파니쿨라타
Stapelia paniculata

여름형
9cm

줄기 밑부분에서 진홍색 꽃이 핀다. 꽃잎에는 같은 색으로 알갱이 형태의 작은 돌기가 있다.

신지
Stapelia schinzii

여름형
8cm

땅에서 구불구불한 줄기가 자라나며 진홍색의 별 모양 꽃이 핀다. 진한 붉은색 털이 나 있다.

Fockea
포케아
협죽도과

원산지	아프리카 남부	재배 편이성 ★★★	여름형

물주기 봄~가을에는 흙이 마르면 듬뿍 준다. 잎이 떨어지기 시작하면 적게 주고, 잎이 모두 지면 날 때까지 단수한다.

특징과 재배 요령
수분과 영양을 저장한 덩이뿌리는, 건조한 지역에 사는 원주민에게 중요한 식용식물로 채집된다. 물을 줄 때 주의할 점은 성장기라도 너무 많이 주면 썩을 수 있다는 것이다. 햇빛이 잘 들고 바람이 잘 통하는 곳에서 관리한다.

에둘리스
Fockea edulis

여름형
13cm

별명 화성인. 덩이뿌리 부분 표면에 돌기가 있다. 추위에 약하므로 5℃를 밑돌면 햇빛이 잘 드는 실내로 옮긴다.

Pseudolilthos
프세우돌리토스
협죽도과

원산지	아프리카 동부, 아라비아	재배 편이성 ★☆☆	여름형

물주기 봄~가을에는 흙이 완전히 마른 다음, 며칠 지나면 듬뿍 준다. 서늘해지면 서서히 줄이고 겨울에는 거의 단수한다.

특징과 재배 요령
아프리카 동부~아라비아에 약 7종류가 알려진 희귀 속이다. 찐빵 같은 신기한 모습으로 자란다. 강한 직사광선, 추위, 다습한 환경에 약하므로, 비를 맞지 않고 바람이 잘 통하는 밝은 반음지에서 관리한다.

미기우르티누스
Pseudolithos migiurtinus

여름형
12cm

녹색 찐빵 같은 모습이다. 극한의 건조지대에 자생하는 품종이므로, 바람이 잘 통하게 관리하는 일이 특히 중요하다.

Caralluma
카랄루마
협죽도과

원산지	아프리카, 아라비아반도, 인도 등	재배 편이성 ★★☆	여름형

물주기 봄~가을에는 화분 속 흙이 완전히 마르면 듬뿍 준다. 이후 서서히 줄이다가 10℃ 이하가 되면 완전히 단수한다. 벚꽃 필 무렵에 조금씩 물을 주기 시작한다.

특징과 재배 요령
꽃줄기 끝에 여러 송이의 꽃이 공 모양으로 피는 등 꽃피는 방식이 독특하다. 비를 맞지 않고 햇빛이 잘 들며 바람이 잘 통하는 곳에서 재배한다. 겨울에 단수하며, 따뜻한 실내에서 겨울을 난다. 기본적인 재배 요령은 (구)박주가리과와 같다.

크레눌라타
Caralluma crenulata

여름형
8cm

꽃봉오리가 종이접기처럼 펼쳐지며 별 모양의 꽃이 핀다. 이후 접히듯이 닫히며 시든다.

Ceropegia

세로페기아

협죽도과

원산지	남아프리카, 마다가스 카르, 열대 아시아	재배 편이성	★☆☆	여름형, 봄가을형

물주기 생육형에 따라 다르므로 주의한다.

특징

박주가리과에서 과명이 바뀌었다. 줄기가 둥근 막대 모양인 것, 덩이뿌리에서 덩굴 모양 줄기가 나는 것 등 그 형태가 다양하다. 괴이한 모습이 많아 박주가리과에서도 핵심 품종이다. 세공이 들어간 작은 조롱박을 연상시키는 모양의 꽃이 핀다.

재배 요령

재배장소도 물주기도 기본적으로 다른 (구)박주가리과와 같다. 덩굴 모양 줄기가 나는 것은 봄가을형인 경우가 많다. 여름형 품종은 추위에 약하므로, 10℃를 밑돌면 햇빛이 잘 드는 실내로 옮긴다.

보세리

Ceropegia bosseri

여름형
12㎝

신기하고 기괴한 모습이다. 작은 잎이 금세 떨어진다. 여름에 조롱박 모양의 꽃이 핀다.

키미키오도라

Ceropegia cimiciodora

여름형
8㎝

더욱 기괴한 모습이다. 매우 작은 잎이 나며, 이렇게 둥근 막대 모양인 채로 성장한다.

Duvalia

두발리아

협죽도과

원산지	아프리카, 아라비아반도	재배 편이성	★☆☆	여름형

물주기 봄~가을에는 화분 속 흙이 완전히 마르면 듬뿍 준다. 이후 서서히 줄이다가 10℃ 이하가 되면 완전히 단수한다. 벚꽃 필 무렵에 조금씩 물을 주기 시작한다.

특징과 재배 요령

2가지 타입의 줄기가 있다. 가시가 있는 (구)박주가리과에 가까운 타입과, 울퉁불퉁하고 둥근 줄기를 가진 타입이 있다. 양쪽 모두 별 또는 불가사리 모양의 꽃이 핀다. 기본적인 재배 요령은 (구)박주가리과와 같다.

술카타

Duvalia sulcata

여름형	8㎝

회색빛이 도는 녹색 줄기에 진한 갈색 무늬가 있고, 꽃은 진홍색이다. 꽃잎에 줄무늬가 있고 가장자리에는 붉은 털이 있다.

Senecio

세네시오

국화과

원산지 아프리카, 인도, 멕시코 등의 건조지대	**재배 편이성** ★★★

기본적으로 봄가을형이지만 품종에 따라 여름형, 겨울형에 가깝거나 휴면기 등이 다르다.

물주기 봄가을에는 흙이 마르면 듬뿍 준다. 휴면기에도 1달에 몇 번 물을 준다.

특징

세네시오속은 전 세계에 약 2000종이 분포하는데, 그중 다육 세네시오는 80종 정도다. 둥글고 작은 잎, 화살촉 모양 잎 등 특이한 모습의 품종이 많다. 꽃색도 붉은색, 노란색, 보라색, 흰색 등 다양하다.

재배 요령

여름에 휴면하는 타입과 겨울에 휴면하는 타입이 있는데, 성장기는 모두 「봄가을」이다. 타입에 맞게 차광과 온도관리를 한다. 다습한 환경은 피해야 하지만, 뿌리가 가늘어서 극도로 건조한 환경에는 약하다. 휴면기에도 1달에 몇 번 적은 양의 물을 준다.

칠보수
Senecio articulatus

봄가을형

10cm

오이가 매달려 있는 듯 신기한 모습이다. 여름에는 휴면하므로 바람이 잘 통하는 반음지에 두고 거의 단수한다.

크라시시무스
Senecio crassissimus

봄가을형

8cm

별명 크리시하마타, 자만도. 하얀 가루로 덮인 알 모양 잎에 자홍색 테두리가 있다. 봄에 피는 꽃이 전형적인 국화를 닮았다.

녹영
Senecio rowleyanus

봄가을형

10cm

방울처럼 둥근 잎이 아래로 드리워져 자라므로, 모아심기에 많이 활용한다. 여름에는 반음지에서 관리한다.

은월
Senecio haworthii

봄가을형

8cm

가늘고 흰 털로 덮인 아름다운 모습이다. 다습한 환경에 약하므로, 통풍과 다시심기 등으로 관리한다. 여름에 휴면한다.

클레이니아
Senecio kleinia

봄가을형

10cm

줄기 모양이 특이하다. 원산지인 카나리아제도에서는 줄기를 만지면 행복한 일이 일어난다고 전해진다. 여름에는 휴면한다.

마사이족 화살촉
Senecio kleiniiformis

봄가을형

8cm

잎 모습을 보면 품종명을 이해할 수 있다. 여름철 고온다습한 환경에 약하고, 겨울철 추위에는 조금 강하다. 실내로 옮기는 기준은 0℃이다.

사기나투스
Senecio saginatus

겨울형에 가까운 봄가을형

7cm

줄기 끝부분에서 가지가 갈라져 나오며, 표면의 모양도 독특하다. 땅속에 큰 덩이뿌리가 있다. 겨울형에 가까운 봄가을형이다.

포월
Senecio scaposus var. 'Hougetsu'

겨울형에 가까운 봄가을형

10cm

신월의 변종으로 잎끝이 주걱 모양이다. 생육기에도 물을 지나치게 주지 않는다. 겨울형에 가까운 봄가을형이다.

만보
Senecio serpens

봄가을형

8cm

봄가을에는 햇빛을 충분히 받게 하고, 여름에는 거의 차광하여 관리한다. 겨울에 실내로 옮기지만, 따뜻한 날에는 실외에서 햇빛을 받게 한다.

스타펠리포르미스
Senecio stapeliformis

봄가을형

7cm

세네시오속에 흔한, 줄기만 쑥쑥 자라는 타입이다. 땅속에 덩이뿌리가 생겨서 큰 화분에 심었다.

Othonna

오토나

국 화 과

원산지	아프리카, 중남미	재배 편이성	★★☆	봄가을형에 가까운 겨울형

물주기 봄~가을에는 흙이 마르면 듬뿍 준다. 휴면하는 여름에 잎이 떨어지기 시작하면 적게 주고, 잎이 모두 지면 단수한다.

특징
남아프리카를 중심으로 자생한다. 줄기가 굵어지는 덩이줄기로, 변이가 많아 다양한 형태가 모두 매력적이다. 가을~겨울에 긴 꽃줄기와 꽃자루가 나며 꽃이 핀다.

재배 요령
덩이뿌리식물의 굵은 줄기나 뿌리는 원래 땅속에 있는 부분이다. 직사광선에 장시간 닿지 않도록 관리하는 것이 좋다. 휴면기에는 단수가 기본이지만, 오토나는 뿌리가 가는 종이 많으므로 1달에 1번 적은 양의 물을 준다.

클라비폴리아 *Othonna clavifolia*

겨울형
9cm

굵은 덩이줄기에서 통통한 잎이 난다. 자생지에서는 거의 공 모양이지만, 다른 환경에서는 둥글게 자라지 않는다.

푸르카타 *Othonna furcata*

겨울형
12cm

푸르카타란 「가지가 갈라져 나왔다」는 뜻의 라틴어로, 그런 가지 모양이 특징이다. 1년 내내 대부분 건조하게 관리한다.

Sinningia

시닝기아

게 스 네 리 아 과

원산지	아프리카, 중남미	재배 편이성	★★☆	여름형

물주기 봄~가을에는 흙이 마르면 듬뿍 준다. 잎이 떨어지기 시작하면 적게 주고, 잎이 모두 지면 다시 날 때까지 단수한다.

특징
둥글고 평평한 덩이줄기에서 굵은 줄기가 자라난다. 줄기와 잎 표면에 가늘고 부드러운 털이 난다. 꽃이 선명한 색에 원통 모양인 것은 벌새가 꽃가루 매개충이기 때문이다. 겨울 휴면기에 잎이 지고, 봄에 새싹이 난다.

재배 요령
한여름의 강한 직사광선에 약하지만(차광망 등으로 반음지를 만들면 좋다), 기본적으로 햇빛을 많이 받는 것이 좋다. 새싹이 나고 잎이 떨어지는 봄~가을에는 되도록 햇빛을 많이 받게 한다. 겨울에는 햇빛이 잘 드는 실내에 둔다.

플로리아노폴리스 *Sinningia* 'Florianopolis'

여름형
8cm

민트처럼 생긴 잎 뒷면에 하얀 털이 수북하다. 해가 거듭되면 덩이뿌리도 잎도 크고 강인하게 자란다.

단애의 여왕 *Sinningia leucotricha*

여름형
10cm

줄기와 잎에 난 촘촘한 털이 벨벳 같다. 원통 모양의 붉은색 꽃이 피면 그 대비가 아름답다. 사진의 모종은 약 4년 차의 모습.

Sarcocaulon

사르코카울론

쥐 손 이 풀 과

원산지	남아프리카, 나미비아	재배 편이성 ★★☆	봄가을형

물주기 봄~가을에는 흙이 마르면 듬뿍 준다. 휴면하는 여름에는 잎이 지기 시작하면 적게 주고, 잎이 떨어지면 단수한다.

특징

두껍고 광택 나는 표피는 자생지의 모래바람과 건조한 기후, 강한 햇살로부터 몸을 보호하기 위한 것이다. 시든 줄기가 잘 타기 때문에, 예전에 원주민이 모닥불이나 불쏘시개로 사용했다고 해서 「부시맨 캔들」이라는 영어 이름도 붙었다.

재배 요령

자생지가 사막지대로, 성장에 가장 적합한 봄, 가을, 초겨울에는 직사광선이 닿고 바람이 잘 통하는 곳에서 관리한다. 한여름에는 차광망 등을 이용하고, 겨울에는 한랭지나 눈이 많은 지역만 아니면 실외에서도 키울 수 있다. 북풍만 피하면 된다.

파테르소니
Sarcocaulon patersonii

봄가을형	12cm

가시투성이인 위협적인 가지에서 작은 잎이 돋아난 모습과 섬세한 꽃이 매력적이다.

Portulaca

쇠비름

쇠 비 름 과

원산지	중남미 등	재배 편이성 ★★★	여름형

물주기 봄~가을에는 흙이 마르면 듬뿍 준다. 겨울에는 적게 준다.

특징과 재배 요령

일부 품종은 땅 밑에 작은 덩이뿌리를 만든다. 햇빛이 잘 들고 바람이 잘 통하는 곳에서 잘 자란다. 추위에 약하므로 5℃를 밑돌면 햇빛이 잘 드는 실내로 옮긴다. 노지재배에서 흔히 볼 수 있는 채송화도 쇠비름속에 속한다.

몰로키엔시스
Portulaca molokiensis

여름형	11cm

원래 하와이의 고유종으로, 둥근 잎이 번갈아 나는 것이 특징이다. 추위에 약하므로 겨울에는 실내에 두고 거의 단수한다.

베르데르만니
Portulaca werdermannii

여름형	9cm

원산지가 브라질이다. 전체가 하얀 실로 덮인 모습이 독특하다. 꽃은 일일화(날마다 피는 꽃)로 5~10월에 반복해서 핀다.

148

Anacampseros
아나캄프세로스

쇠비름과

원산지 남아프리카, 멕시코	재배 편이성 ★★★	봄가을형

물주기 봄가을에는 흙이 마르면 듬뿍 준다. 한여름, 한겨울에는 1달에 1번 정도 준다.

특징
작은 다육질 잎이 도톨도톨하게 난 것, 뱀 같은 줄기가 난 것 등 독특한 형태로 자란다. 성장이 느리지만 튼튼하여 키우기 쉽다. 종자도 얻기 쉬워, 다육식물 종자번식 입문용으로도 좋다.

재배 요령
햇빛이 잘 들고 바람이 잘 통하는 곳에 둔다. 한여름 고온다습한 환경에 약하므로, 여름에는 반음지에 두거나 차광망 등으로 햇빛을 조절한다. 겨울에 5℃를 밑돌면, 햇빛이 잘 드는 실내로 옮겨서 겨울을 난다.

아라크노이데스
Anacampseros arachnoides

다산
Anacampseros crinita

봄가을형
7cm

여름에 꽃이 피고 씨를 맺어 종자를 얻는 것이 가능하다. 종자가 땅에 떨어져 모르는 사이에 번식하기도 한다.

앵취설
Anacampseros rufescens f. variegata

봄가을형
8cm

취설송에 반점이 난 품종. 종자번식으로도 잘 자라며, 초여름에 핑크색 꽃이 많이 핀다.

봄가을형 8cm

진보라색 잎 주위로 거미줄 같은 하얀 실이 있다. 새끼 모종이 나오며 군생한다. 초여름에 보라색 꽃이 핀다.

Avonia
아보니아
쇠 비 름 과

원산지	아프리카	재배 편이성 ★★☆	봄가을형에 가까운 겨울형
물주기	봄~가을에는 흙이 완전히 마르면 듬뿍 준다. 장마철과 여름에는 차광하며 바람이 잘 통하는 곳에 두고 거의 단수한다(1달에 1번 적은 양의 물을 준다).		

특징과 재배 요령
물고기 비늘 같은 턱잎으로 잎이 덮인 점이 특징이다. 아프리카 극
건조지대에서 자생하므로 다습한 환경에 매우 약하다. 1년 내내
햇빛이 잘 들고 바람이 잘 통하는 곳에서 거의 건조하게 관리한다.
덩이뿌리는 성장이 느려서 1년에 몇 ㎜ 정도 자란다.

Operculicarya
오페르쿨리카리아
옻 나 무 과

원산지	마다가스카르섬과 코모 로섬에서만 자란다.	재배 편이성 ★★☆	여름형
물주기	봄~가을에는 흙이 마르면 듬뿍 준다. 잎이 떨어지기 시작하면 적게 주고, 잎이 모두 지면 날 때까지 단수한다.		

특징과 재배 요령
세월이 지나면서 굵고 울퉁불퉁한 줄기가 되어, 굵고 큰 나무의 미
니어처 같은 풍경을 만든다. 성장이 느리다. 1년 내내 햇빛이 잘 드
는 곳에서 관리한다. 휴면 중인 겨울에도 표피 아래 엽록소에서 광
합성을 하므로 되도록 햇빛을 받게 한다.

Dorstenia
도르스테니아
뽕 나 무 과

원산지	아프리카 대륙, 아메리카 대륙, 인도 열대지대	재배 편이성 ★★★	여름형
물주기	봄~가을에는 흙이 마르면 듬뿍 준다. 겨울에는 1달에 1번 정도 적은 양을 주고, 거의 단수한다.		

특징과 재배 요령
자생지에서는 소형~대형의 교목으로 성장한다. 환경에 대한 적응
력이 높고 키우기 쉽다. 자가결실성이 있는 품종이 많아, 열매가 익
으면 터져서 씨를 퍼뜨린다. 한랭지에서는 겨울에 햇빛이 잘 드는
실내로 옮긴다.

알스토니
Avonia quinaria ssp. *alstonii*

겨울형

10cm

초여름 맑은 날 저녁,
해지기 전 몇 시간만
꽃이 핀다. 성장이 느
리다. 사진의 모종이
10년 정도 자란 모
습이다.

파키푸스
Operculicarya pachypus

여름형

12cm

어린 모종은 덩이뿌
리가 크지 않지만,
시간이 지날수록 굵
어진다. 덩이뿌리식
물의 왕이라 불리며
인기 있는 품종이다.

포에티다
Dorstenia foetida

여름형

10cm

여름에 신비로운 모
양의 꽃이 피며, 자
가수분하여 씨를 맺
고, 익으면 터져서
날아간다. 생명력이
강한 품종이다.

Stephania
스테파니아
방 기 과

원산지	동남아시아와 태평양제도의 열대지역	재배 편이성 ★★★	여름형

물주기 봄~가을에는 흙이 완전히 마른 다음 듬뿍 준다. 겨울에는 단수한다.

특징과 재배 요령
어두운 열대우림의 숲에서 자생하므로 약한 빛을 좋아한다. 차광망 등을 이용하여, 밝은 반음지에서 관리한다. 특히 덩이뿌리 부분에 강한 직사광선이 닿지 않도록 주의한다. 5℃ 이하로 내려가면 실내로 옮기고 거의 단수한다.

베노사
Stephania venosa

여름형

18cm

겨울에 낙엽이 지지만, 여름이 되면 울퉁불퉁한 덩이뿌리에서 맹렬한 기세로 덩굴이 자란다.

Alluaudia
알루아우디아
용 수 과

원산지	마다가스카르	재배 편이성 ★★★	여름형

물주기 여름에는 흙이 마르면 듬뿍 준다. 서늘해져 잎이 떨어지면 서서히 줄이고, 겨울에는 완전히 단수한다.

특징과 재배 요령
마다가스카르 고유종이다. 줄기와 가지에 나는 날카로운 가시가 특징이다. 고온이든 직사광선이든 OK. 내한성이 낮으므로 5℃를 밑돌면 햇빛이 잘 드는 실내로 옮긴다. 봄이 되어 잎이 나오면 서서히 물의 양을 늘려 적응시킨다.

아룡목
Alluaudia procera

여름형

8cm

새로 자라난 가지에서 나는 잎은 지면과 수평으로, 다음해에는 같은 곳에서 수직으로 난다.

Adenia
아데니아
시 계 꽃 과

원산지	아프리카, 마다가스카르, 아시아 열대지역	재배 편이성 ★★☆	여름형

물주기 봄~가을에는 흙이 완전히 마르면 듬뿍 준다. 잎이 떨어지기 시작하면 서서히 줄이고, 모두 지면 거의 단수한다.

특징과 재배 요령
덩굴이 자라는 타입이 많으며, 지상부의 모양도 다양하다. 덩굴성 품종은 너무 자라면 가지치기한다. 자생지 환경은 건조한 황무지나 나무숲 깊은 곳 등 다양하므로, 품종에 따라 재배 조건이 다른 경우가 있어 주의가 필요하다.

글라우카
Adenia glauca

여름형

10cm

가늘고 긴 나무 모양으로 자란 경우 적당한 길이로 몸통자르기하면, 덩이뿌리식물답게 둥근 덩이줄기를 가진 나무 모양이 된다.

Dioscorea

디오스코레아

마 과

원산지	전 세계 열대, 아열대 지역	재배 편이성 ★★☆	봄가을형에 가까운 겨울형

물주기 여름이 끝날 무렵~초봄에는 흙이 마르면 듬뿍 준다.
휴면기에는 거의 단수한다.

특징과 재배 요령

디오스코레아속의 대다수 품종이 식용으로, 일부가 원예용으로 재배된다. 건조한 황무지나 사바나에 자생한다. 일반적인 겨울형보다 1달 정도 앞서 피는 경향이 있다. 벚꽃 필 무렵~장마가 끝날 무렵에는 휴면하고, 장마가 끝나면 새싹이 나기 시작한다.

구갑룡

Dioscorea elephantipes

겨울형 **12㎝**

하트 모양의 잎과 울퉁불퉁한 덩이뿌리가 대조적이다. 해를 거듭할수록 균열이 심해져, 거북등무늬가 되어간다.

Pilea

필레아

쐐 기 풀 과

원산지	전 세계 열대와 아열대	재배 편이성 ★☆☆	여름형

물주기 봄~여름에는 흙이 마르면 듬뿍 준다.
겨울에는 1달에 몇 번, 흙이 살짝 촉촉해질 정도로 물을 준다.

특징과 재배 요령

초본식물부터 떨기나무까지 다양한 종류가 있다. 잎에 난 무늬가 아름다워 감상용으로 재배하는 품종도 많다. 내서성은 높지만, 추위에 약하므로 10℃를 밑돌면 햇빛이 잘 드는 실내로 옮긴다.

글로보사

Pilea 'Globosa'

여름형 **10㎝**

별명 노경. 도톨도톨한 작은 잎과, 그보다 더 작은 꽃이 사랑스럽다. 모아심기의 악센트로도 활용한다.

Peperomia

페페로미아

후 추 과

원산지	중남미, 아프리카, 아시아	재배 편이성 ★☆☆	봄가을형

물주기 봄가을에는 흙이 마르면 듬뿍 준다.
여름, 겨울에는 조금 적게 준다.

특징과 재배 요령

자생지에서는 숲속 나무 등에 붙어서 사는 소형 식물이다. 남미를 중심으로 1500종 이상이 알려져 있다. 다육 종류는 투명한 창을 가진 것도 있다. 여름철 직사광선, 다습한 환경, 겨울철 추위에 약하므로 계절마다 세심하게 관리한다.

캑터스빌

Peperomia 'Cactusville'

봄가을형 **8㎝**

한천을 얹은 화과자 모양의 잎이 귀엽다. 엽소현상이 일어나지 않게, 강한 직사광선은 차광한다.

콜루멜라

Peperomia columella

봄가을형 **10㎝**

페페로미아 중에 극소형종이다. 작은 잎이 염주처럼 겹쳐지며, 줄기 하나의 높이가 10㎝ 정도이다.

Dyckia
디키아

파인애플과

원산지 남미, 아프리카	재배 편이성 ★★★	여름형

물주기 봄~가을에는 흙이 마르면 듬뿍 준다. 휴면하는 겨울에는 거의 단수한다. 1달에 1번 정도 적은 양의 물을 준다.

특징

날카로운 가시가 있는 늘씬한 잎이 방사형으로 펼쳐진다. 그렇게 가지런한 잎의 모습과 시크한 색조가 매력적이어서 열성팬도 많다. 최근에는 교배종이 활발하게 만들어지고 있다. 튼튼하여 키우기 쉽다.

재배 요령

봄~가을에는 햇빛을 충분히 받게 한다. 햇빛이 잘 들고 바람이 잘 통하며 비를 맞지 않는 장소에 두고 관리한다. 최저기온이 5℃를 밑돌면 햇빛이 잘 드는 실내로 옮긴다.

브리틀 스타
Dyckia 'Brittle Star'

여름형　9cm

디키아 교배종 중에 가장 유명한 품종이다. 진보라색 잎에 하얀 가루를 뿌려놓은 듯한 무늬, 여기에 가시가 균형을 이룬 모습이 아름답다.

버건디 아이스
Dyckia 'Burgundy Ice'

여름형

9cm

진보라색과 진녹색이 융합한 듯한 색조가 수수한 분위기를 자아낸다. 작은 가시가 전체적으로 깔끔한 인상을 준다.

그랑 마니에르 화이트 폴리지
Dyckia 'Gran Marnier White Foliage'

여름형

9cm

하얀 수염 같은 가시, 모종 전체를 덮고 있는 하얀 가루가 특징이다. 투명해 보이는 진보라색도 스타일리시하다.

Tillandsia

틸란드시아

파 인 애 플 과

원산지 북아메리카 남부 ~ 중남미 열대, 아열대	재배 편이성 ★★☆	여름형

물주기 분무기로 전체에 촉촉하게 뿌린다. 봄 ~ 가을에는 2 ~ 3일 간격으로, 겨울에는 7 ~ 10일 간격으로 준다.

특징

자생지에서는 나뭇가지 등에 붙어서 살고 잎, 뿌리가 밤이슬이나 빗물 등을 흡수하며 자란다. 강한 햇빛으로부터 몸을 보호하고 수분을 흡수하기 위한 털(트리콤)이 잎 표면에 있다. 트리콤의 밀도에 따라 녹엽종, 은엽종으로 나뉜다.

재배 요령

기본적으로 다른 다육식물과 같다. 실외재배는 10 ~ 30℃가 기준이며, 최고기온이 30℃를 웃돌면 바람이 잘 통하는 반음지로 옮긴다. 최저기온이 5℃를 밑돌면 밝은 실내로 옮긴다.

브라키카울로스
Tillandsia brachycaulos

여름형

길이 15㎝

트리콤이 적은 녹엽종으로, 여름철 직사광선에 약하다. 엽소현상의 원인이 되므로 여름에는 반음지로 옮긴다.

불보사
Tillandsia bulbosa

여름형

길이 15㎝

녹엽종. 항아리 모양의 밑동에 흰색과 보라색 트리콤이 선 모양으로 나 있다. 색조가 아름다워 인기가 많다.

카피타타
Tillandsia capitata

여름형

길이 15㎝

녹엽종. 틸란드시아 중에는 꽃필 무렵 잎이 물드는 품종이 많으며, 카피타타도 그 중 하나다.

카푸트 메두사
Tillandsia caput-medusae

여름형

길이 20㎝

은엽종. 밑동이 볼록한 항아리 모양이다. 구불구불한 잎 사이로 꽃줄기가 자라나 보라색 꽃이 핀다.

코튼 캔디
Tillandsia 'Cotton Candy'

여름형 | 길이 17cm

은엽종. 잎 사이로 꽃줄기가 자라나 복숭아색 꽃턱잎, 보라색 꽃잎, 이어 봉오리 모양의 꽃이 핀다.

파시쿨라타
Tillandsia fasciculata

여름형 | 길이 25cm

녹엽종. 성장하면 80cm 가까이 된다. 잎이 방사형으로 점점 옆으로 펼쳐져 분수 같은 모양이 된다.

푸크시
Tillandsia fuchsii f. *gracilis*

여름형 | 길이 14cm

은엽종. 잎의 지름이 1mm 정도로 가늘다. 가운데에 작고 늘씬한 꽃이 연이어 핀다.

하리시
Tillandsia harrisii

여름형 | 길이 18cm

은엽종의 대표적인 품종이다. 오렌지색 꽃턱잎에 보라색 꽃잎을 가진 큰 꽃이 핀다.

이오난타
Tillandsia ionantha

여름형 | 길이 8cm

변종, 아종이 많다. 잎이 가늘고 긴 과테말라, 잎이 두껍고 짧은 멕시코 등이 있다.

준시폴리아
Tillandsia juncifolia

여름형 | 길이 25cm

녹엽종. 가늘고 길게 자라는 잎이 스타일리시하다. 비슷한 품종으로 은엽종인 준세아(juncea)가 있다.

콜비
Tillandsia kolbii

여름형 | 길이 10cm

은엽종. 잎이 같은 쪽을 향해 휘어지는 것이 특징이다. 꽃필 무렵에 잎이 붉게 물든다.

프세우도바일레이
Tillandsia pseudobaileyi

여름형 | 길이 18cm

녹엽종. 가늘지만 단단한 잎이 각각의 방향으로 자란다. 개성 있는 형태다.

트라이컬러
Tillandsia 'Tricolor'

여름형 | 길이 16cm

녹엽종. 튼튼하여 키우기 쉽지만, 밑동에 물이 고이기 쉬워 상하는 원인이 되므로 주의한다.

Mammillaria
마밀라리아
선 인 장 과

원산지 북미 서남부, 남미, 카리브해 국가 등	재배 편이성 ★★★	여름형

물주기 봄가을에는 흙이 마르면 듬뿍 준다. 한여름, 초봄, 늦가을에는 흙이 마르고 며칠 후에 준다. 겨울에는 1달에 1번 준다.

특징
「돌기」라는 뜻의 라틴어가 속명의 유래다. 건조한 사막지대에 자생하며 강한 햇빛, 바람이 잘 통하는 환경, 배수가 잘되는 용토를 좋아한다. 가시는 부드러운 털 타입부터 강자(강한 가시) 타입까지 다양하다. 선명한 색채의 꽃이 핀다.

재배 요령
햇빛이 잘 들고 바람이 잘 통하며 비를 맞지 않는 장소에 둔다. 낮에 덥고 밤에 추운 사막지대에 자생하므로 내서성과 내한성이 높지만, 다습한 기후와 열대야에 약하다. 열대야일 때는 시원한 실내로, 겨울에는 햇빛이 잘 드는 창가로 옮긴다.

등심환
Mammillaria backebergiana

여름형
9cm

가시자리에서 나는 상아색 가시와, 왕관 모양을 만드는 선명한 꽃이 그야말로 마밀라리아답다.

카르메나이
Mammillaria carmenae

여름형
7cm

각각의 돌기에서 나는 고운 가시가 특징이다. 꽃도 흰색과 핑크색으로 귀여운 분위기가 난다.

금수구
Mammillaria elongata

여름형
7cm

보통 새끼치기하며 군생한다. 완만하게 휘어 뒤로 젖혀진 가시가 특징이다. 노란색, 적갈색 등 색이 다양하다. 철화종도 많다.

여황전
Mammillaria guelzowiana

여름형
7cm

솜털 같은 하얀 털 속에 갈고리처럼 휜 붉은 가시가 있다.

옥옹
Mammillaria hahniana

`여름형` `9cm`

하얀 털이 공 모양의 주위를 덮고 있다. 물을 줄 때는 털에 닿지 않도록 주변 흙에 준다.

헤르난데지
Mammillaria hernandezii

`여름형` `7cm`

각 돌기마다 있는 가시자리에서 가시가 난다. 마밀라리아의 특징을 잘 알 수 있는 모습이다.

백조
Mammillaria herrerae

`여름형` `7cm`

안쪽을 향해 나는 방사형 가시의 조형미가 돋보인다. 봄에 핑크색 꽃이 화관 모양으로 핀다.

금양환
Mammillaria marksiana

`여름형` `7cm`

윤기 나는 녹색 표피, 돌기와 돌기 사이에 난 솜털이 특징이다. 겨울이 끝날 무렵 노란 꽃이 핀다.

스키에데아나(석화)
Mammillaria schiedeana f. monstrosa

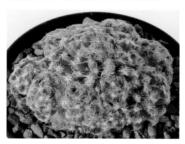

`여름형` `7cm`

스키에데아나(명성)가 가시가 하얀 타입으로 석화한 품종. 돌기가 밀집하여 성장한다.

피코
Mammillaria spinosissima 'Pico'

`여름형` `9cm`

윤기 나는 녹색 표피의 돌기가 나란히 줄지어 있어 독특한 분위기가 난다. 핑크색 꽃이 화관 모양으로 핀다.

성성환
Mammillaria spinosissima

`여름형` `9cm`

꽃이 왕관 모양으로 피는 것이 마밀라리아의 특징이다. 붉은색 ~ 흰색 그러데이션의 가시가 아름답다.

은수구
Mammillaria gracilis

`여름형`

`7cm`

마치 꽃이 달린 레이스 원단을 두른 듯 청초한 모습이다. 보통 새끼치기하며 군생한다.

Astrophytum
아스트로피툼

선인장과

원산지 멕시코 ~ 북아메리카 남서부	재배 편이성 ★★★	여름형

물주기 봄가을에는 흙이 마르면 듬뿍 준다. 한여름, 초봄, 늦가을에는 흙이 마르고 며칠 후에 준다. 겨울에는 1달에 1번 준다.

특징
그리스어 astro(별), phyton(나무)에서 유래했다. 오래전부터 인기를 이어온 선인장으로, 100여 년 전부터 재배되고 품종개량이 이루어지고 있으므로 수많은 교배종이 존재한다. 강한 직사광선에 약하므로 여름에는 차광하여 관리한다.

재배 요령
햇빛이 잘 들고 바람이 잘 통하며 비를 맞지 않는 장소에 둔다. 자생하는 지역이 낮에 덥고 밤에 추운 건조지대이므로 내서성, 내한성이 높지만 열대야에 약하다. 열대야일 때는 시원한 실내로, 겨울에는 햇빛이 잘 드는 창가로 옮긴다.

슈퍼 투구
Astrophytum asterias 'Super Kabuto'

여름형

7㎝

하얀 솜털 뭉치 같은 모습이 특징이다. 「투구」의 개량종으로, 흰 점이 투구보다 크고 촘촘하다.

반야
Astrophytum ornatum

여름형

7㎝

날카로운 가시와 가파른 능을 가진 박력 있는 품종이다. 자생지에서는 1m가 넘으며, 꽃이 필 때까지 여러 해가 걸린다.

벽유리난봉옥
Astrophytum myriostigma var. *nudum*

여름형 **18㎝**

난봉옥에는 많은 변종, 아종, 교배종이 있는데 벽유리도 그중 하나다. 난봉옥의 특징인 하얀 점이 없고, 윤기 없는 녹색 표피에 체크무늬가 있으며, 능에 솜털이 난다.

Gymnocalycium
짐노칼리시움
선인장과

원산지 아르헨티나, 우루과이, 파라과이, 볼리비아	재배 편이성 ★★★	여름형

물주기 봄가을에는 흙이 마르면 듬뿍 준다. 한여름, 초봄, 늦가을에는 흙이 마르고 며칠 후에 준다. 겨울에는 1달에 1번 준다.

특징
큰 가시와 다양한 모습이 특징이다. 가시자리에서 새끼치기를 하며, 꽃은 봄~가을에 핀다. 정수리에 있는 가시자리에서 짧은 꽃줄기가 나와 핑크색, 붉은색, 노란색 등의 큰 꽃이 핀다.

재배 요령
햇빛이 잘 들고 바람이 잘 통하며 비를 맞지 않는 장소에 둔다. 초원지대에 자생하므로, 다른 선인장보다 강한 햇빛에 약하고 물도 조금 많이 준다. 여름에는 차광망 등을 이용하고, 겨울에는 햇빛이 잘 드는 창가에 둔다.

취황관
Gymnocalycium anisitsii

여름형

7㎝

잎색을 자세히 보면, 진한 보라색과 회색빛을 띤 녹색의 그러데이션을 찾을 수 있다. 봄~가을에 잇달아 꽃이 핀다.

제가라이
Gymnocalycium pflanzii ssp. *zegarrae*

여름형

7㎝

둥글게 부푼 능에 솟아난, 날카롭고 아름다운 가시가 특징이다. 절묘한 균형미로 인기 있는 품종이다.

신천지
Gymnocalycium saglionis

여름형 **7㎝**

제가라이와 비슷하지만, 신천지는 능이 뚜렷하고 가시가 길다.

Echinopsis

에키놉시스

선 인 장 과

원산지 남아메리카	재배 편이성 ★★★	여름형

물주기 봄가을에는 흙이 마르면 듬뿍 준다. 한여름, 초봄, 늦가을에는 흙이 마르고 며칠 후에 준다. 겨울에는 1달에 1번 준다.

특징
브라질, 아르헨티나 등 남미에 수백 종이 알려져 있으며, 바위 틈 또는 배수가 잘되는 모래땅에 자생한다. 오래전부터 재배되고 있어, 평범한 집 앞에서도 찾아볼 수 있는 속이다. 튼튼하여 키우기 쉽다.

재배 요령
햇빛이 잘 들고 바람이 잘 통하며 비를 맞지 않는 장소에 둔다. 다른 선인장보다 강한 햇빛에 약하며, 물을 조금 많이 준다. 여름에 차광망 등을 사용하고, 겨울에는 햇빛이 잘 드는 창가에 둔다.

금성환
Echinopsis calochlora

여름형

7㎝

둥근 모양에 황금색 가시가 선인장다운 모습이다. 긴 세월이 지나야 크고 하얀 꽃이 핀다.

섭데누다타
Echinopsis subdenudata

여름형

7㎝

별명 대호환. 가시가 없으며, 능을 따라 난 가시자리의 솜털이 매력 포인트. 여름이 오기 전에 크고 하얀 꽃이 핀다.

Turbinicarpus

투르비니카르푸스

선 인 장 과

원산지 멕시코	재배 편이성 ★★★	여름형

물주기 봄가을에는 흙이 마르면 듬뿍 준다. 한여름, 초봄, 늦가을에는 흙이 마르고 며칠 후에 준다. 겨울에는 1달에 1번 준다.

특징
멕시코에만 자생하며 전부 15종이 있고, 그 밖에 많은 아종과 변종이 있다. 가시의 모양이 곧은 것과 둥글게 휜 것 등 품종에 따라 다양하다. 꽃은 낮에 피는 타입으로, 큰 꽃이 정수리에서 핀다.

재배 요령
멕시코의 기온은 상대적으로 큰 차이가 없지만 강수량이 적은 편이다. 햇빛이 잘 들고 바람이 잘 통하며 비를 맞지 않는 장소에 둔다. 다른 선인장보다 강한 햇빛에 약하다. 여름에는 차광망 등을 이용하고, 겨울에는 햇빛이 잘 드는 창가에 둔다.

무성환
Turbinicarpus krainzianus

여름형

7㎝

덥수룩하게 자란, 노인의 수염 같은 가시가 특징이다. 여름에 레몬옐로색 꽃이 핀다.

정교전
Turbinicarpus pseudopectinatus

여름형

7㎝

안쪽을 향해 난 부드러운 가시가, 강한 햇빛으로부터 모종을 보호한다. 봄에 큰 적자색 꽃이 핀다.

Tephrocactus / Thelocactus
테프로칵투스/텔로칵투스

선 인 장 과

원산지	아르헨티나, 칠레, 볼리비아	재배 편이성 ★★★	여름형

물주기 봄가을에는 흙이 마르면 듬뿍 준다. 한여름, 초봄, 늦가을에는 흙이 마르고 며칠 후에 준다. 겨울에는 1달에 1번 준다.

특징
오푼티아에서 분리된 테프로칵투스는 15종이 알려져 있다. 공 또는 타원 모양으로 군생한다. 종자에는 깃뿌리가 있어 멀리 날아간다. 에키노칵투스(Echinocactus)에서 분리된 텔로칵투스는 10종 이상이 알려져 있으며, 모양은 원통 또는 공 모양이다. 꽃이 정수리에 핀다.

재배 요령
햇빛이 잘 들고 바람이 잘 통하며 비를 맞지 않는 장소에 둔다. 다른 선인장보다 강한 햇빛에 약하며, 물도 조금 많이 준다. 여름에 차광망 등을 이용하고, 겨울에는 햇빛이 잘 드는 창가에 둔다.

Rhipsalis
립살리스

선 인 장 과

원산지	북미 남부~남미대륙의 열대지역	재배 편이성 ★★★	봄가을형

물주기 다습한 환경을 좋아하지만 용토에 물기가 너무 많으면 좋지 않다. 봄가을에는 흙이 마르면 듬뿍 준다. 여름에는 1달에 2~3번, 겨울에는 거의 단수한다(실내관리로 건조해진 경우 분무기 등으로 물을 준다). 한여름, 초봄, 늦가을에는 흙이 마르고 며칠 후에 준다. 겨울에는 1달에 1번 준다.

특징
착생식물로, 원산지인 고산지대에서 뿌리를 나무나 바위에 부착시켜 살아간다. 줄기에 대나무처럼 마디가 생기는 것이 특징이며, 성장할수록 아래로 늘어진다. 크림색 또는 흰색의 작은 꽃이 피고, 자가수분하여 열매를 맺으며 그 안에 종자가 있다.

재배 요령
원산지가 열대지역이므로 다습한 환경에 강하지만, 땅에 심어 재배할 경우 땅이 다습한 상태가 지속되지 않도록 흙이 마른 다음 물을 준다. 10℃를 밑돌면 햇빛이 잘 드는 실내로 옮긴다. 꺾꽂이할 때는 마디를 따라 자른다.

게오메트리쿠스
Tephrocactus geometricus

여름형
11cm

둥근 구체가 겹쳐 쌓인 모양으로 성장한다. 햇빛을 많이 받으면 붉은색으로 물들기도 한다.

태백환
Thelocactus macdowellii

여름형
7cm

얼핏 보면 마밀라리아(p.156) 같지만, 꽃이 왕관 모양이 아니라 정수리에 모여서 핀다. 자가수분으로 종자도 얻을 수 있다.

버첼리 브리튼 앤드 로즈
Rhipsalis burchellii 'Britton and Rose'

봄가을형
11cm

새싹이 붉은빛을 띠며 가시가 많지만, 성장한 부분은 녹색이 되고 가시도 대부분 떨어진다.

필로카르파
Rhipsalis pilocarpa

봄가을형
7cm

별명 프로스트 슈가. 성장하면 줄기가 자라나 선명한 녹색을 띤다. 작은 가시자리와 하얀 가시가 설탕을 묻힌 것처럼 보여서 붙은 별명이다.

Rebutia

레부티아

선 인 장 과

원산지 볼리비아, 아르헨티나	재배 편이성 ★★★	여름형

물주기 봄가을에는 흙이 마르면 듬뿍 준다. 한여름, 초봄, 늦가을에는 흙이 마르고 며칠 후에 준다. 겨울에는 1달에 1번 준다.

특징
해발 1200~3600m 고산의 바위틈에 자생한다. 돌기가 있어 마밀라리아속과 비슷하지만, 꽃이 왕관 모양으로 피지 않고 밑동과 돌기 옆에서 핀다. 꽃은 깔때기 모양이다. 강한 직사광선에 약하므로 여름에는 차광하여 관리한다.

재배 요령
햇빛이 잘 들고 바람이 잘 통하며 비를 맞지 않는 장소에 둔다. 여름철 직사광선과 다습한 환경에 약하므로 차광망 등으로 관리한다. 겨울에 5℃를 밑돌면 햇빛이 잘 드는 실내로 옮긴다.

Lophophora

로포포라

선 인 장 과

원산지 텍사스, 멕시코	재배 편이성 ★★★	여름형

물주기 봄가을에는 흙이 마르면 듬뿍 준다. 한여름, 초봄, 늦가을에는 흙이 마르고 며칠 후에 준다. 겨울에는 1달에 1번 준다.

특징
원종이 3종만 알려진 작은 속이지만, 품종개량에 의해 독특한 교배종을 가진다. 가시는 없지만 독성분이 있어서 해충을 막아준다. 땅속에 덩이뿌리가 있고 줄기는 납작한 공 모양이다.

재배 요령
햇빛이 잘 들고 바람이 잘 통하며 비를 맞지 않는 장소에 둔다. 여름철 직사광선과 다습한 환경에 약하므로 차광망 등으로 관리한다. 겨울에 5℃를 밑돌면 햇빛이 잘 드는 실내로 옮긴다.

미누스쿨라 아우레이플로라
Rebutia minuscula var. *aureiflora*

여름형
9㎝

밑동에 피는 노란색 꽃이 특징이다. 때에 따라 꽃이 모종을 둘러싸듯 핀다.

퍼플렉사
Rebutia perplexa

여름형
9㎝

보통 새끼치기하며 군생한다. 예쁜 연보라색 꽃이 피고, 자가수분으로 열매를 맺어 종자를 얻을 수 있다.

취관옥
Lophophora diffusa

여름형
13㎝

통통한 찹쌀떡처럼 생겼다. 튼튼하여 키우기 쉽다. 가시자리의 털에 물이 닿지 않게 주의한다.

자취오우옥 무늬종
Lophophora williamsii 'Caespitosa' f. *variegata*

여름형
10㎝

오우옥의 원예종으로, 새끼모종이 잇달아 나오는 성질을 가진 개체다. 울퉁불퉁한 독특한 모습이 된다.

Epithelantha
에피텔란타
선 인 장 과

원산지	멕시코, 미국	재배 편이성 ★★★	여름형

물주기 봄가을에는 흙이 마르면 듬뿍 준다. 한여름, 초봄, 늦가을에는 흙이 마르고 며칠 후에 준다. 겨울에는 1달에 1번 준다.

특징과 재배 요령
사막지대의 바위 그늘에 자생하는 소형 선인장이다. 줄기에 촘촘히 나는 가시자리와 작은 가시로 전체가 하얗게 보이는 것이 특징이다. 성장은 느리지만 군생하는 타입이 많다. 군생하는 모종은 습기와 열기로 짓무르기 쉬우므로, 특히 통풍에 주의하여 관리한다.

월세계
Epithelantha micromeris ssp. *bokei*

> 여름형
> 7cm

작고 하얀 가시가, 줄기의 표피가 보이지 않을 정도로 촘촘히 나는 것이 특징이다. 군생 타입(작은 사진)의 아종이 있다.

Eriosyce
에리오시케
선 인 장 과

원산지	남아메리카	재배 편이성 ★★★	여름형, 봄가을형

물주기 봄가을에는 흙이 마르면 듬뿍 준다. 한여름, 초봄, 늦가을에는 흙이 마르고 며칠 후에 준다. 겨울에는 1달에 1번 준다.

특징과 재배 요령
이전의 네오포르테리아(Neoporteria)속, 이슬라야(Islaya)속 등이 통합되었다. 자생지도 해발 0~3000m의 건조지대로, 개체별로 자생지의 높이에 차이가 있으므로 가시나 능의 수 등에도 차이가 있다. 꽃은 정수리에 핀다.

은옹옥
Eriosyce nidus

> 여름형
> 9cm

위로 갈수록 길게 자라는 하얀 가시와, 가늘고 산뜻한 꽃잎이 분수처럼 보이는 아름다운 품종이다.

Sulcorebutia
술코레부티아
선 인 장 과

원산지	볼리비아, 아르헨티나, 멕시코	재배 편이성 ★★★	봄가을형

물주기 봄가을에는 흙이 마르고 며칠 지나면 듬뿍 준다. 한여름과 겨울에는 거의 단수하며 1달에 1번~몇 번 정도 준다.

특징과 재배 요령
고도가 높은 건조지대에 자생하는 종이 많으므로, 생육형은 봄가을형이며 비교적 저온에도 강하다. 폭설지나 한랭지 말고는 실외에서 겨울을 날 수 있다. 오히려 한여름의 고온다습한 날씨, 직사광선에 주의할 필요가 있다.

라우시
Sulcorebutia rauschii

> 봄가을형
> 9cm

적자색, 녹색 등 줄기의 표피 색에 개체차가 있다. 들쑥날쑥하게 군생하는 모습이 인기가 많다.

Stenocactus

스테노칵투스
선 인 장 과

원산지	멕시코	재배 편이성 ★★★	봄가을형, 여름형
물주기	봄가을에는 흙이 마르면 듬뿍 준다. 한여름, 초봄, 늦가을에는 흙이 마르고 며칠 후에 준다. 겨울에는 1달에 1번 준다.		

특징과 재배 요령
멕시코 해발 0~2800m 지역 지표면에 분포한다. 정수리에서 작은 꽃이 핀다. 새끼치기를 하지 않으므로, 꽃가루받이로 열매를 맺어 종자번식한다. 여름에는 거의 차광하고, 추위에 비교적 강하지만 5℃를 밑돌면 햇빛이 잘 드는 실내로 옮긴다.

축옥
Stenocactus multicostatus

봄가을형

9cm

능의 수 최대 100개가 넘는 개성적인 형태가 매력이다. 성장이 느려서, 종자번식하고 처음 꽃이 필 때까지 4~5년이 걸린다.

Parodia

파로디아
선 인 장 과

원산지	남아메리카	재배 편이성 ★★★	봄가을형, 여름형
물주기	봄가을에는 흙이 마르면 듬뿍 준다. 한여름, 초봄, 늦가을에는 흙이 마르고 며칠 후에 준다. 겨울에는 1달에 1번 준다.		

특징과 재배 요령
요철이 뚜렷한 능이 있거나 가시의 경우 곧은 가시, 휜 가시가 있고 색깔도 노란색, 흰색, 갈색 등 다양하다. 콜로니(여러 개체들이 모인 집단)를 만들기도 하지만, 새끼치기를 하지 않으므로 종자번식으로 번식시킨다. 꽃은 자가수분으로 열매를 맺고 종자를 얻는다.

설황
Parodia haselbergii ssp. *haselbergii*

여름형

9cm

하얀 가시자리와 가시가 특징이다. 봄에 붉은색 꽃이 핀다. 여름철 직사광선과 고온다습한 환경에 주의한다.

Ferocactus

페로칵투스
선 인 장 과

원산지	북미 남부~멕시코	재배 편이성 ★☆☆	여름형
물주기	봄가을에는 흙이 마르면 듬뿍 준다. 한여름, 초봄, 늦가을에는 흙이 마르고 며칠 후에 준다. 겨울에는 1달에 1번 준다.		

특징과 재배 요령
큰 가시자리와 두툼한 가시 때문에 강자(강한 가시)류라 불린다. 가시도 곧은 것, 휜 것이 있고, 색도 붉은색, 노란색, 금색, 회색 등 다양하다. 강한 햇빛을 받고 바람이 잘 통하게 하는 것이 중요하다. 꿀이 많아 벌레로 인한 피해가 크다. 정기적인 옮겨심기도 필요하다.

신선옥
Ferocactus gracilis var. *coloratus*

여름형

6cm

사진의 날카롭고 멋진 가시를 유지할 수 있는지가 재배 포인트. 햇빛이 잘 들게 하고 다습해지지 않도록 관리한다.

Opuntia

오푼티아

선인장과

원산지	미국, 멕시코, 남미	재배 편이성	★★★	여름형

물주기 봄가을에는 흙이 마르면 듬뿍 준다. 한여름, 초봄, 늦가을에는 흙이 마르고 며칠 후에 준다. 겨울에는 1달에 1번 준다.

특징과 재배 요령
오푼티아속은 부채 또는 공 모양 줄기가 겹쳐 쌓이듯 성장한다. 환경에 대한 적응력이 높고 튼튼하여 키우기 쉽다. 오른쪽 두 품종은 부채선인장, 토끼귀선인장이라고도 불리는 인기 품종이다. 작은 역자(끝이 굽은 가시)가 촘촘하게 박혀 있어, 가시에 찔리면 빼기 어렵고 통증이 있으므로 다룰 때 주의한다.

금오모자
Opuntia microdasys

여름형

7cm

별명 황금상아단선.

은오모자
Opuntia microdasys var. *albispina*

여름형

7cm

별명 상아단선.

Cintia

신티아

선인장과

원산지	볼리비아	재배 편이성	★☆☆	봄가을형

물주기 봄가을에는 흙이 완전히 마른 다음 준다.
여름에 거의 단수하고 겨울에는 적은 양을 준다.

혜모환
Cintia knizei

봄가을형　7cm

콩이 쌓여 있는 듯 신기한 모습이다. 1996년에 신종으로 정식 등재된 신인이다. 신티아 나피나(Cintia napina)라는 유통명은 처음 발견된 당시에 불리던 이름이다. 볼리비아의 3000m급 고산에서 몸 대부분이 땅속에 묻힌 형태로 자생하며, 강한 햇빛과 다습한 기후에 약하다. 햇빛이 강한 시기에는 차광망 등으로 보호한다.

Leuchtenbergia

레우크텐베르기아

선인장과

원산지	멕시코	재배 편이성	★★★	여름형

물주기 봄~가을에는 흙이 마르면 듬뿍 준다. 날씨가 서늘해지기 시작하면 조금씩 양을 줄이고, 겨울에는 거의 단수한다.

광산
Leuchtenbergia principis

여름형　9cm

방사형으로 자라는, 두꺼운 잎처럼 보이는 것은 일반적인 선인장의 「돌기」가 진화한 것이다. 따라서 그 끝에는 가시자리가 있고, 가시도 나 있다. 성장하면 아가베의 잎 모양과 비슷해진다. 일속일종으로 분류되는 매우 독특한 품종이다. 자생지가 반사막인 초원지역이므로, 다습해지지 않도록 물주기와 통풍에 주의한다.

다육식물 용어 가이드

APG 분류체계
기존의 신엥글러 분류체계와 크론키스트 분류체계를 대체하는 분류체계로 등장한, 새 속씨식물 분류체계. 최초로 발표한 것은 1998년이다. 그 후 개정을 거듭하여 최신판은 2016년 발표한 APGⅣ (제4판). APG는 속씨식물 계통연구 그룹(Angiosperm Phylogeny Group)의 머리글자를 딴 것.

가시
식물체 표면에서 돌출한, 끝이 뾰족한 바늘 모양 돌기물의 총칭. 단단한 정도나 모양에 따라 「강자」, 「직자」, 「곡자」, 「구자」 등으로 구분한다. 선인장의 가시는 잎에서 수분이 증발하는 것을 막기 위해 턱잎이 진화한 것이다. 유포르비아나 아가베 등 다육식물의 가시는 표피가 변한 것, 시들고 남은 꽃자루가 단단해진 것 등 다양하다.

가시자리
선인장과 가시의 밑동에 있는 솜털 같은 부분. 가시가 없는 종이라도 가시자리는 반드시 있다. 「에리올(areole)」이라고도 한다. → p.113

가지치기
길게 자란 가지나 줄기를 짧게 자르고 다듬는 작업. 이렇게 하면 다시 건강한 가지와 줄기가 나온다.

겨울형 → p.27

공기뿌리
땅속에서 발달해야 할 뿌리가 땅 위의 줄기에서 난 것. 기능에 따라 지지근, 흡수근 등으로 나뉘는데, 다육식물은 뿌리가 화분에 가득차서 더이상 자라기 어려울 때 줄기에서 뿌리가 나는 경우가 있다. 이럴 때는 옮겨심기를 해야 한다.

관수
식물에 물을 주는 작업.

교배
같은 꽃의 꽃가루받이가 아니라 다른 종이나 품종의 꽃가루받이, 수정을 시키는 작업.

교배종
식물학에서는 원래 유전적으로 다른 두 개체의 교배를 「교잡」, 그 결과 탄생하는 종을 「교잡종」이라 하지만 원예에서는 「교배종」이라 부르는 경우가 많다. 우발적인 교배는 「잡교배종」이라 한다.

군생
어미 모종이 다수의 새끼 모종을 새끼치기하여, 많은 모종이 모여서 나는 것.

금(무늬종)
반점이 있는 품종을 말하며, 품종명 뒤에 「금」 또는 「무늬종」을 붙여 「○○금」, 「○○ 무늬종」이라 부른다.

기는줄기
줄기의 밑부분부터 지표면을 기듯이 수평으로 자라는 줄기.

꺾꽂이
어미 모종에서 잘라낸 가지나 줄기 등을 용토에 꽂아, 새로 뿌리나 싹을 틔우는 번식방법.

꺾꽂이순
꺾꽂이나 잎꽂이에 쓰이는 가지, 줄기, 잎을 말한다.

꽃눈
줄기나 가지에 나고, 성장하여 꽃이나 꽃차례가 되는 싹. 일반적으로 잎눈보다 굵고 둥글다.

꽃잎
「화변」이라고도 한다.

꽃자루
줄기에서 가지가 갈라져 나와 하나의 꽃을 받치는 부분.

꽃줄기
땅속줄기에서 바로 갈라져 나와, 꽃만 피고 잎은 달리지 않는 줄기.
예 : 민들레 등.

꽃차례
꽃이 달린 줄기 전체와 그 배열방식을 말한다.
예 : 총상꽃차례, 수상꽃차례 등.

꽃턱잎
꽃눈(성장하여 꽃이 되는 싹)을 보호하는 변형엽(→p.167)으로 「포」 또는 「포엽」이라고도 한다. 포가 꽃잎 모양으로 큰 품종은 관상용이 되기도 한다. 파인애플과의 틸란드시아속은 포가 크고 색이 선명해서 「꽃턱잎(화포)」이라고 한다.

노지재배
온실이나 온상 등 특별한 설비를 갖추지 않고, 실외 경작지로 자연에 가까운 환경에서 작물을 재배하는 농법.

능
줄기나 열매 표면에 나타나는 선 모양 또는 각진 융기. 능이 있는 품종은 능의 수가 대체로 정해져 있다. 때때로 수가 다른 경우도 있다.

다시심기
정원수나 분재 등을 키우고 모양을 만드는 일. 줄기, 가지, 잎 등을 목표하는 모습대로 만드는 작업을 다시심기라 부른다. 넓은 의미로는 손질하는 작업도 포함한다.

다육식물
잎, 줄기, 뿌리 등이 수분이나 양분을 축적하여 「다육화」한 식물의 총칭. 식물분류학이 아닌 원예에 따른 분류다.

단수
다육식물이나 선인장이 휴면기에 들었을 때 물주기를 최대한 자제하는 것. 완전히 단수해도 되는 품종, 그리고 뿌리가 가늘거나 모종이 작은 등의 이유로 휴면기에도 1달에 1번 정도 적은 양의 물이 필요한 품종이 있다.

대화
식물에는 「대화」라는 현상이 있는데, 모종의 성장점에서 돌연변이가 일어나 이상한 모양으로 성장하는 것을 뜻한다. 다육식물은 대화가 일어나기 쉬운 식물로, 성장점이 띠 모양으로 자라는 「석화」와 분구를 반복하는 「철화」가 있는데 이 2가지가 가끔 혼동된다. (→ 석화, 철화) → p.47

덩이뿌리
식물의 뿌리가 양분을 축적하여 비대해지고 덩어리 모양이 된 것.

덩이뿌리식물
다육식물로, 줄기나 뿌리가 덩어리를 이루는 특징적인 형태를 띠는 타입을 통틀어 일컫는 용어다. 분류상으로는 협죽도과, 국화과, 쇠비름과 등 많은 「속」에 걸쳐 존재한다.

덩이줄기
땅속줄기가 비대해져 양분을 축적하고 덩어리 모양이 된 것. 아네모네와 시클라멘이 덩이줄기를 가진다. 다육식물에서 파키포디움과 아데니움 등은 대부분 땅속줄기가 비대해진 덩이줄기 품종이다.

돌려나기
줄기의 각 마디에 잎이 여러 장 나는 것. 잎의 수가 일정할 때 세장돌려나기, 네장돌려나기라고 한다.

땅속줄기
땅속으로 파고드는 줄기. 하워르티아나 아가베는 땅속줄기에서 새 가지가 돋아나고 새끼 모종이 나온다. 수분이나 영양분을 저장하고 두꺼워져 덩이줄기가 되기도 한다.

땅에 심기
정원, 화단, 밭 등 땅에 직접 심는 것.

떨기나무
높이 0.3~3m 이하의 목본식물. 중심 줄기와 가지가 보통 뚜렷하게 구분되지 않고, 뿌리 주변에 많은 가지가 생긴다. 「관목」이라고도 한다. 이에 비해 높이가 3m가 넘는 것을 「고목」이라고 한다.

로제트
근생엽이 집중적으로 나서, 방사형으로 보이는 형태다. 장미무늬(로즈)에서 유래했다. 민들레를 비롯해서 로제트 모양으로 겨울을 나는 식물도 많다.

로제트 모양
에케베리아나 그랍토베리아 등에서 볼 수 있는, 로제트 모양으로 잎이 펼쳐지는 모습을 「로제트」 또는 「로제트 모양」이라 표현한다.

마디 사이
잎이나 가지가 나 있는 부분을 마디라 하고, 그 마디와 마디 사이를 「마디 사이」라 한다. 마디 사이는 식물이 처한 환경에 따라 길이가 바뀐다. 예를 들어, 일조량이 부족하면 마디 사이가 길어져 웃자라기도 한다.

마주나기
잎이나 가지가 마디마다 2개씩 마주보고 나는 것. ⇔ 어긋나기

모아심기
하나의 화분이나 컨테이너 등에 여러 모종을 심는 것.

목본식물
보통 나무, 수목이라 부른다. 목질화한 지상부는 여러 해 생존하며, 반복해서 꽃이 피고 열매를 맺어 비대성장한다. ⇔ 초본식물

목질화
식물의 세포벽에 리그닌이 축적되어 조직이 단단해지는 현상. 「목화」라고도 한다. 리그닌은 목재의 구성 성분으로 중요한 고분자화합물이다.

몬스트 → 대화

몸통자르기
선인장 등에서 공 또는 원통 모양인 몸통 부분을 자르는 것. 형태가 망가졌을 때 다시심기를 위해 실시한다. → p.58

무성아
겨드랑눈(잎의 밑동에서 난 눈)이 양분을 저장하여 비대해진 부분으로, 식물의 영양번식기관 중 하나다. 어미 모종에서 떨어져 발아하며, 새로운 식물체로 자란다.

반음지
밝은 햇살이 드는 실외, 즉 처마밑 등 직사광선이 닿지 않는 곳이나 하루에 몇 시간만 햇빛이 드는 곳. 차광망으로 햇빛을 막고 있는 상태도 포함함. → p.21

반점
식물체 돌연변이의 일종으로 색소의 변이를 가리킨다. 보통 포함되어 있던 색소가 빠진 상태로, 잎을 비롯하여 녹색이던 부분이 흰색이나 노란색으로 변한다.

배양토
해당 식물의 재배에 적합하도록 여러 용토를 섞어서 만든 것.

변형엽
보통 잎의 기능과는 다른 작용을 하도록 형태가 변화한 잎. 포엽, 저장잎, 잎바늘(엽침), 벌레잡이잎(포충엽), 덩굴손 등이 있다.

복륜
잎의 가장자리를 두르듯이 반점이 나 있는 것. → 반점

봄가을형 → p.26

블룸
과일이나 채소의 껍질, 다육식물의 잎이나 줄기 표면에 하얀 가루처럼 보이는 물질. 그 정체는 식물체 표면을 덮는 큐티클층에 포함된 밀랍이다. 미생물의 침입을 막고 수분의 증발, 침입을 막는 등의 작용을 한다.

뿌리막힘
물을 줄 때, 화분에서 물이 빠지는 데 시간이 걸리며 화분 속이 뿌리로 가득 찬 상태. 통풍과 배수가 나빠지고 식물 전체가 약해지므로 옮겨심기를 해야 한다.

뿌리썩음병
주로 물을 너무 많이 줘서 뿌리가 썩는 병. 수분흡수 등의 기능을 정상적으로 해낼 수 없어, 방치하면 식물 전체가 말라 죽는다.

새끼 모종
어미 모종의 뿌리에서 나는 새싹으로, 이미 뿌리는 나 있는 상태다.

새끼치기
어미 모종에서 겨드랑눈 또는 기는줄기가 나는 것.

생육형
다육식물의 자생지 환경을 사계절 기후에서 볼 때 생육이 가장 왕성한 계절로 「여름형」, 「봄가을형」, 「겨울형」 3타입으로 나뉜다.

성장기
휴면하고 있던 다육식물이 새싹이 나고, 이후 줄기와 잎이 쑥쑥 자라거나 꽃이 피거나 하는 시기.

석화 → 대화

수상꽃차례
길게 자란 꽃차례의 축에, 작은 꽃이 다수 피는 꽃차례. 총상꽃차례와 비슷하지만, 작은 꽃 각각에 꽃자루가 달려 있지 않다.

십자마주나기
마주나기로 잎이 줄기에서 나는 방향이 마디마다 90°씩 바뀌어, 위에서 보면 십자 모양으로 잎이 난 것처럼 보이는 상태. → 마주나기

알뿌리
다년생식물의 땅속 영양저장기관으로, 휴면기에 식물을 보호한다. 비늘줄기, 덩이줄기, 덩이뿌리, 알줄기 등으로 나뉜다.

어긋나기
잎이나 가지가 줄기 한 마디에 하나씩 어긋나게 나는 것. ⇔ 마주나기

어미 모종
꺾꽂이나 포기나누기를 할 때 바탕이 되는 모종.

여름형 → p.27

엽소
강한 햇빛을 받아서 잎의 표면 온도가 급격히 올라가, 세포가 파괴된 상태. → p.37

엽수
잎이 젖을 정도로 가볍게 물을 주는 것. 잎에 맺힌 아침이나 저녁 이슬 등을 흡수하는 품종에 가끔 실행한다. 물을 뿌려서 온도를 낮추려는 목적도 있다. 엽수 후에는 바람이 잘 통하는 곳에서 남은 수분을 확실히 건조시킨다.

옮겨심기
다른 화분 등으로 옮겨 심는 작업. 오래된 뿌리를 잘라내고 오래된 용토를 새 용토로 교체한다. 성장기 전에 하는 것이 가장 좋다.

완효성 비료
비료 성분이 시간이 지나면서 녹아 나오는, 효과가 오래 지속되는 타입의 고체형 비료.

왕비
품종명 앞에 「왕비」가 붙으면 소형종을 뜻한다. 예 : 왕비연금, 왕비뇌신 등.

웃자라기
일조량 부족으로 식물의 가지나 줄기가 허약하게 자란 상태.

워싱턴 조약
정식 명칭은 「멸종위기에 처한 야생동식물종의 국제거래에 관한 협약(CITES)」이다. 1973년 미국 워싱턴에서 채택된 일을 계기로 통틀어 「워싱턴 조약」이라 불린다. 워싱턴 조약에서는 국가 사이에 상업 목적의 과도한 거래로 인한 종의 멸종을 막기 위해, 보호가 필요하다고 여겨지는 야생동식물종에 관해 부속서에 목록화하고, 멸종이 우려되는 정도에 따라 부속서의 내용을 3가지로 구분하여 국제거래를 규제하고 있다. 부속서I에 등록된 종은 상업 목적을 위한 국제거래를 원칙적으로 금지한다.

원산지
동식물의 원래 서식지, 산지를 말한다.

원산지 그루
원산지에서 채취한 다육식물이나 선인장을 예전에는 「원산지 그루」라 불렸다. 최근에는 「현

지 그루」라 부르는 경우가 많다.

원종
품종개량한 식물의 바탕이 되는 어미 모종 또는 조상으로, 야생 그대로 사람의 손길이 닿지 않은 품종.

유통명
인기 있는 품종이나 겉모습에 특징이 있는 품종은 학명, 국명 외에 별명처럼 유통명이 붙는 경우가 있다.

잎꽂이
다육식물 특유의 번식방법으로, 1장의 잎으로 발아, 발근을 유도하여 성장시키는 방법.

잎차례
식물의 잎은 일정한 규칙에 따라 줄기에 배열되어 있는데, 이 배열 양식을 잎차례라고 한다. 어긋나기, 마주나기 등이 있다.

자가수분
자신의 꽃가루가 스스로 암술머리에 붙어 열매를 맺는 것.「자가결실성」이라고도 한다. 자가수분할 수 있는 종은 모종이 하나여도 열매를 잘 맺는다. 다른 모종으로 열매를 맺는 것을 「타가수분」이라 한다.

자생지
식물이 계속해서 번식하는 곳. 원산지가 아니어도, 인위적으로 관리하지 않는 상태로 번식하면「자생」이라 한다.

종자번식
꺾꽂이나 접목 없이 종자가 발아하여 자라는 것. 또 종자를 뿌려서 키우는 것, 그로 인해 생겨난 식물을 말한다.

줄기
지상부에서 잎이 나고, 식물체를 지탱하는 역할을 한다. 줄기 속에는 물이나 광합성 산물의 통로가 되는 관다발이 발달해있다. 줄기 관다발의 목부가 발달한 단단하고 튼튼한 다년생 줄기를「목본경」이라고 한다.

중반
잎의 가운데 색소가 빠진 것. 빠진 자리에 들어가는 색에 따라 백중반, 황중반 등으로 불린다.
→ 반점

지피식물
지표면을 덮어 미관을 유지하거나 토양의 건조를 막는 등의 역할을 하는 식물.

직립성
다육식물의 생육에 많이 사용되는 용어. 모종이 위쪽으로 성장하는 모습을 말한다.

차광
그물이나 천 등으로 직사광선을 막는 것.

차광망
식물을 직사광선이나 고온으로부터 보호하는 차광전용 그물. 햇빛을 가리는 비율이나 색도 다양하므로 용도에 맞게 선택한다. 다육식물에 사용할 경우 차광률 50% 정도가 적합하다.

착생식물
토양에 뿌리를 내리지 않고, 종자를 다른 나무나 바위에 발아시켜 그 표면에 뿌리를 내리며 성장하는 식물. 선인장과 립살리스속, 파인애플과 틸란드시아속 등이 그 예다. 뿌리를 다른 식물 속에 내리고, 그 식물에게 수분이나 영양분을 나눠 받아서 사는 기생식물과는 다르다.

창
하워르티아, 코노피툼, 리토프스 등의 잎에 있는 투명한 부분. 대부분 품종이 자생지에서 식물체 대부분을 땅속으로 잠입시키고 잎끝의「창」만 지표면으로 내밀어, 창에서 들어온 빛으로 광합성을 한다.

철화 → 대화

초본식물
일반적으로 풀이라 부른다. 생육기간에 따라 일년초, 이년초, 다년초(한해살이풀, 두해살이풀, 여러해살이풀)로 분류된다. 일년초, 이년초는 1년 혹은 2년 이내에 꽃이 피어 열매를 맺고 죽어서 종자가 남는다. 다년초는 겨울에 지상부가 시들어도 봄에 싹을 틔우는 여러해살이풀이다. ⇔ 목본식물

총상꽃차례
등나무꽃처럼, 길게 자란 꽃차례의 축에 꽃자루 달린 꽃이 다수 피는 꽃차례.

턱잎
잎을 구성하는 기관의 하나로 잎 모양, 돌기 모양, 가시 모양 등 그 형태가 다양하다. 싹을 감싸서 보호하는 역할을 한다.

톱니
잎 가장자리에 톱니처럼 들쭉날쭉한 부분. 톱니 끝부분이 잎의 앞쪽을 향한다.

트리콤
식물의 잎, 줄기, 꽃에 난 미세한 털. 강한 빛을 방어하거나 표피에서 지나치게 수분을 잃는 것을 방지하고, 작은 해충을 예방하는 등 식물에 따라 그 역할이 다르다.

포 → 꽃턱잎(화포)

포기나누기
어미 모종에서 새끼 모종을 분리하여 번식시키는 방법. 새끼 모종에 뿌리가 이미 나 있어 실패가 적다.

품종
학명으로 엄밀하게 보면 하나의 종은「아종」,「변종」,「품종」3가지로 분류되지만,「이 품종은」이라고 할 때는 단순히 그 식물의 종류를 가리키는 경우도 많다.

하얀 가루 → 블룸

하엽
줄기 아랫부분에 난 잎.

한랭사
방한, 방충, 차광 등의 목적으로 식물을 덮는 재료. 화학섬유를 그물망 형태로 얇게 짠 직물.

활착
꺾꽂이나 옮겨심기한 식물이 새로 뿌리를 내리고 물을 흡수하여 성장을 시작하는 것.

휴면기
다육식물과 선인장은 각각 왕성하게 자라는 시기(성장기), 성장이 멈추거나 느려지는 시기(휴면기)가 있다. 건기와 우기가 구분되는 지역에서 자생하는 종은, 건기에 잎이 떨어지는 등 휴면하는 것이 많다.

● 학명 보는 방법 ●

기본적으로「속명 + 종소명」이며 속명, 종소명, 아종명, 변종명 등은 이탤릭체로, 원예 품종명은 약자로 표기한다. ssp. 등은 약자로 표기.

ssp. : 아종(subspecies)의 생략형   sp. : species의 약자로 종소명이 불분명한 것
var. : 변종(variety)의 생략형   hyb. : 교배종
f. : 품종(folma)의 생략형

(표기 예)		
Echeveria affinis		
속명 종소명		
Agave filifera ssp. *multifilifera*		
속명 종소명 아종명		
Haworthia gracilis var. picturata		
속명 종소명 변종명		

Sedum lineare f. *variegata*		
속명 종소명 반점		
Kalanchoe beharensis 'Latiforia'		
속명 종소명 원예품종명		

품종명 색인

White fl. ················· 128

ㄱ

가닛 로터스 ············· 67
가메라 ··················· 100
가스테랄로에속 ·········· 95
가스테리아속 ············· 94
갈락터 ··················· 61
거대적선 오브투사 ········ 97
게스네리아과 ············ 147
게아이 ·················· 137
게오메트리쿠스 ·········· 161
경화 ····················· 99
고르곤즈 그로토 ·········· 50
고적 ···················· 101
고적금 ·················· 101
고후키 심메트리카 ······· 113
곡옥 ···················· 119
골든 걸 ·················· 64
골리사나 ················· 111
공룡 필란시 무늬종 ······· 95
공작환 ·················· 110
광당 ···················· 137
광산 ···················· 165
광옥 ···················· 129
구갑룡 ·················· 152
구두룡 ·················· 111
구륜탑 ··················· 97
구스토 ··················· 50
국화과 ·············· 145, 147
군작 ····················· 85
궐라우미니아나 ·········· 111
그라킬리스 ··············· 100
그라킬리스 픽투라타 ······ 100
그락실리우스 ············· 136
그란디플로라 ············· 142
그랍토베리아속 ·········· 71
그랍토세둠속 ············ 73
그랍토페탈룸속 ·········· 74
그랑 마니에르 화이트 폴리지 ··· 153
그레이 자훈 ·············· 118
그린 로즈 ················ 100
그린 아이스 ·············· 95
그린 오브투사 ············ 97
그린 옥션 ················ 106
그린 젬 ·················· 100
그림 원 ·················· 71
글라우디나이 ············· 116
글라우카 ················· 151
글라우카 헤레이 ··········· 100

글라우코필룸 ············· 80
글란둘리페룸 ············· 80
글로메라타 ··············· 94
글로보사(유포르비아속) ···· 110
글로보사(필레아속) ······· 152
글로티필룸속 ············· 126
금산호 ·················· 115
금성환 ·················· 160
금수구 ·················· 156
금양환 ·················· 157
금오모자 ················· 165
금조국 ·················· 126
금황성 ··················· 56
금휘옥 ·················· 124
기간텐시스 란초 솔레다드 ··· 131
긴 잎 자라고사 ············ 61
길바 ···················· 61
길바의 장미 ·············· 50
길상관 무늬종 ············ 133
꼬마꽃기린 ·············· 110
꽃기린 교배종 ············ 112
꽃기린 원예종 ············ 112
꽃기린 원종 ·············· 112

ㄴ

나난투스 ················· 128
나난투스속 ··············· 128
나마쿠엔시스 ········· 138, 139
낙동 ····················· 68
남십자성 ················· 69
넬리 ···················· 125
넬리 로열 플래시 ·········· 125
노경 ···················· 152
노바히네리아나 × 라우이 ··· 54
노타툼 ·················· 121
녹귀란 ··················· 80
녹복래옥 ················· 117
녹영 ···················· 145
녹음 ····················· 98
농월 ····················· 74
뇌제 ···················· 131
누다 ····················· 84
능요옥 ·················· 127

ㄷ

다비드 ··················· 67
다산 ···················· 149
다시필룸 ················· 79
다실리리오이데스 ········· 131
다플 그린 ················ 91
단애의 여왕 ·············· 147
달리 데일 ················ 83
달마추려 ················· 74
달의 왕자 ················ 78

당인 ····················· 63
대극과 ·················· 109
대문자 ·················· 102
대창 스리가라스 달마 코오페리 ··· 97
대호환 ·················· 160
대화서각 ················· 142
더스티 로즈 ·············· 49
데렌세아나 ··············· 48
데로사 ··················· 48
데미누타 ················· 58
데비 ····················· 48
데저트 로즈 ·············· 63
데카루데아에 ············· 114
데카리 ·················· 110
델라이티 ················· 126
도르스테니아속 ··········· 150
도트 래빗 ················ 65
돈도 ····················· 49
돌나물과 ············· 40~89
동성좌 ·················· 103
두발리아속 ··············· 144
드래곤 볼 ················ 99
드래곤 토우즈 ············ 133
드리미옵시스속 ··········· 135
드림 스타 ················ 80
들장미의 정령 ············ 53
등심환 ·················· 156
디바리카타 ··············· 142
디오스코레아속 ··········· 152
디코토마 ················· 91
디키아속 ················· 153
디포르미스 ··············· 131
딕스 핑크 ················ 49
딘테란투스속 ············· 127

ㄹ

라디칸스 ················· 69
라메레이 ················· 137
라모시시마 ··············· 92
라밀레테 ················· 56
라밀레테(철화) ··········· 56
라우린제 ················· 52
라우시 ·················· 163
라우이 ··················· 52
라우히 화이트 폭스 ···· 32, 92
라티포리아 ··············· 62
레데보우리아속 ··········· 135
레모타 ··················· 69
레부티아속 ··············· 162
레수르겐스 ·············· 125
레우크텐베르기아속 ······· 165
레인와르티 ·············· 103
레즈리 ··················· 56
레투사 ·············· 33, 104

레티지아 ·············· 84
레티쿨라타(리토프스속) ·············· 117
레티쿨라타(하워르티아속) ·············· 104
로라 ·············· 52
로미오 루빈 ·············· 56
로술라리스 ·············· 57
로술라리아속 ·············· 89
로술라툼 ·············· 137
로즈 마리 ·············· 87
로즈 퀸 ·············· 72
로티 ·············· 81
로포포라속 ·············· 162
론도르빈 ·············· 57
롤리 ·············· 84
루벤스 ·············· 82
루비 노바 ·············· 57
루스비 ·············· 75
루스키아속 ·············· 129
루이사에 ·············· 121
루테아 ·············· 138, 139
루팡 ·············· 52
루페스트레 안젤리나 ·············· 82
루페스트리스 대형종 ·············· 70
룬데리 ·············· 58
리가 ·············· 56
리미폴리아 ·············· 101, 108
리치에이 ·············· 114
리토프스 교배종 ·············· 119
리토프스 나우레에니아이 ·············· 119
리토프스 마르모라타 ·············· 119
리토프스 스쿠안테시 ·············· 119
리토프스 줄리 ·············· 117
리토프스 할리 ·············· 117
리토프스 헬무티 ·············· 117
리토프스 후커리 ·············· 117
리토프스속 ·············· 116, 123
리틀 미시 ·············· 68
리틀 뷰티 ·············· 73
리틀 워티 ·············· 95
리틀 젬 ·············· 73
리틀 펭귄 ·············· 132
린다 진 ·············· 52
린제아나 × 멕시컨 자이언트 ·············· 52
릴라 ·············· 61
립살리스속 ·············· 161

ㅁ

마가레테 레핀 ·············· 29, 72
마과 ·············· 152
마그니피카 ·············· 101
마르가레타이 ·············· 108
마린 ·············· 32, 86, 87
마밀라리아속 ·············· 156
마사이족 화살촉 ·············· 146

마요르 ·············· 99
마이알렌 ·············· 84
마커스 ·············· 84
마쿨라타 ·············· 135
막도우갈리 ·············· 52
만대 ·············· 112
만물상 ·············· 88
만보 ·············· 146
만테리 ·············· 102
망목파리옥 ·············· 117
메이저 ·············· 79
멕시코돌나물 ·············· 81
멘도사 ·············· 74
멘도사 무늬종 ·············· 75
명월 ·············· 78
모나데니움속 ·············· 114
모난테스속 ·············· 89
모모타로 ·············· 53
모산 ·············· 53
몰로키엔시스 ·············· 148
무성환 ·············· 160
무을녀 ·············· 69
문가드니스 ·············· 53
문둘라 ·············· 102
문둠 ·············· 121
물티필리페라 ·············· 131
미기우르티누스 ·············· 143
미누스쿨라 아우레이플로라 ·············· 162
미니벨 ·············· 53
미니왕비황 ·············· 46
미러 볼 ·············· 102

ㅂ

바론 볼드 ·············· 45
바일리시아나 ·············· 32, 94, 95
바카타 ·············· 97
박화장 ·············· 81
반야 ·············· 113, 158
반질리 ·············· 124
발리다 ·············· 112
밤비노 ·············· 45
방기과 ·············· 151
백기 오브투사 ·············· 97
백려 ·············· 106
백문유리전 ·············· 101
백미인 ·············· 76
백반 필리페라 무늬종 ·············· 98
백봉 ·············· 51
백설회권 ·············· 101
백설희 ·············· 58
백양궁 ·············· 102
백은무 ·············· 63
백접 ·············· 99
백제성 ·············· 100

백조 ·············· 157
백혜 ·············· 86
백화기린 ·············· 112
백화황자훈 ·············· 118
버건디 아이스 ·············· 153
버첼리 브리튼 앤드 로즈 ·············· 161
번트 버건디 ·············· 130
베노사 ·············· 151
베르게란투스속 ·············· 129
베르데르만니 ·············· 148
베이비 핑거 ·············· 30, 84
베하렌시스 ·············· 62
벤 바디스 ·············· 45
벨라 ·············· 71
벨루어 ·············· 40
벨루티눔 ·············· 123
벨룸 ·············· 74
벽어연 ·············· 128
벽옥 ·············· 124
벽유리난봉옥 ·············· 158
보비코르누타 ·············· 130
보세리 ·············· 144
보위아속 ·············· 135
보주 ·············· 80
보초 ·············· 36, 99
복랑 ·············· 76
복토이 ·············· 65
본셀렌시스 ·············· 134
볼루시 ·············· 42
부귀옥 ·············· 117
불보사 ·············· 154
불비네속 ·············· 108
불야성 ·············· 92
브라운 로즈 ·············· 46
브라이언 마킨 ·············· 43
브라키카울로스 ·············· 154
브레비카울레 ·············· 136
브레비폴리움 ·············· 79
브로우니 ·············· 120
브로우메아나 ·············· 67
브롬피엘디 ·············· 116
브리틀 스타 ·············· 153
블랙 샤크 ·············· 97
블랙베리 ·············· 78
블루 리본 ·············· 66
블루 미스트 ·············· 83
블루 빈 ·············· 74
블루 선더 ·············· 46
블루 스카이 ·············· 46
블루 엠퍼러 ·············· 131
블루 오리온 ·············· 46
블루 클라우드 ·············· 46
블리자드 ·············· 90
비쇼고사 ·············· 61

비스피노숨 ································ 137
비취전 ································ 92
빙설 ································ 102
뽕나무과 ································ 150

ㅅ

사기나투스 ································ 146
사라희목단 ································ 57
사르멘토사 무늬종 ························ 70
사르코카울론속 ·························· 148
사자수 ································ 107
사출로 ································ 54
산세비에리아속 ························· 134
산타 루이스 ···························· 57
살미아나 크라시스피나 ·················· 133
상아단선 ································ 165
상하이 로즈 ···························· 87
새끼고양이 발톱 ························· 77
샹송 ································ 57
서덜랜드 ································ 125
서큘렌툼 ································ 137
석류풀과(메셈류) ························ 116
석영애 ································ 41
선녀무 ································ 62
선라인 ································ 122
선인무 ································ 62
선인장과 ····················· 156~165
설경색 ································ 107
설국 ································ 102
설녀왕 ································ 90
설추 ································ 61
설화 ································ 107
설황 ································ 164
섭글로보숨 ····························· 122
섭데누다타 ····························· 160
섭세실리스 ····························· 55
섭코림보사 ····························· 59
섭코림보사 라우030 ····················· 59
성림 ································ 104
성미인 ································ 85
성성환 ································ 157
성영 ································ 49
세네시오속 ····························· 145
세데베리아속 ··························· 83
세둠속 ································ 78
세로페기아속 ··························· 144
세만니아나 × 이스멘시스 ················ 132
세미투비플로라 ························· 138
세설 ································ 133
세실리폴리아 ··························· 107
세주옥 ································ 127
세쿤다(철화) ··························· 58
세토사 데미누타 ························· 58
세토사 미노르 ·························· 58

센세푸루푸 ····························· 57
셀레나 ································ 57
셀리아 ································ 67
셀시 노바 ····························· 130
셈페르비붐속 ··························· 86
소미성 ································ 70
소웅좌 ································ 93
소인제 ································ 41
소철기린 ······························ 113
소키알리스 sp 트란스발 ················· 70
송설 ································ 96
송엽만년초 ····························· 80
송충 ································ 43
쇠비름과 ····················· 148, 149, 150
쇠비름속 ······························ 148
쇼트 리프 ····························· 100
수광 ································ 104
수라도 ··························· 139, 141
수잔나에 ······························ 70
수적옥 ································ 122
술카타 ································ 144
술코레부티아속 ························· 163
숲의 요정 ····························· 55
슈가 플럼 ····························· 107
슈리베이 마그나 ························· 133
슈퍼 투구 ····························· 158
스노 버니 ····························· 59
스말리 나나 ···························· 115
스칼렛 ································ 57
스키에데아나(석화) ····················· 157
스타펠리아속 ··························· 142
스타펠리포르미스 ······················ 146
스테노칵투스속 ························· 164
스테파니아속 ··························· 151
스테프코 ······························ 82
스토마티움속 ··························· 127
스트로베리 벨벳 ························· 87
스펙타빌리스 ··························· 59
스푸리움 드래곤즈 블러드 ··············· 82
스푸리움 트라이컬러 ···················· 82
스프링 원더 ···························· 82
스프링복 교배종 ························· 105
스프링복 교배종 KAPHTA ················ 105
스프링복블라켄시스 ····················· 105
시계꽃과 ······························ 151
시나몬 ································ 65
시닝기아속 ····························· 147
시로나가스 ························ 106, 108
시모야마 콜로라타 ······················ 58
신도 ································ 69
신상곡 ································ 42
신선옥 ································ 164
신옥 ································ 79
신지 ································ 142

신천지 ································ 159
신티아속 ······························ 165
실란스 ································ 61
실바니아 ······························ 105
실버 스타 ····························· 72
실버 팝 ································ 59
심메트리카 ····························· 112
십이지권 ·························· 99, 108
십이지권 수퍼 와이드 밴드 ·············· 100
십이지조 ······························ 99
쐐기풀과 ······························ 152

ㅇ

아가베속 ···························· 32, 130
아가보이데스 × 풀리도니스 ·············· 44
아각 ································ 140
아나캄프세로스속 ······················ 149
아데니아속 ····························· 151
아드로미스쿠스속 ······················ 42
아라크노이데스 ························· 149
아라크노이데아 ······················ 96, 98
아룡목 ································ 151
아르기로데르마속 ······················ 126
아리엘 ································ 45
아미산 ································ 110
아방궁 ································ 88
아보니아속 ····························· 150
아보카도 크림 ·························· 45
아수라 ································ 141
아스트로피툼속 ························· 158
아스트롤로바속 ························· 93
아스포델루스과 ························· 90
아오이 나기사 ·························· 58
아이루기노사 ··························· 109
아이리시 민트 ·························· 51
아이보리 ······························ 51
아이보리 파고다 ························· 68
아이오니움속 ··························· 40
아쿨레아타 림포포 ······················ 90
아크레 엘레강스 ························· 78
아푸스 ································ 45
아피니스 ······························ 44
아한호 ································ 96
안테깁바이움속 ························· 124
안티도르카툼 ··························· 43
알레그라 ······························ 45
알로에속 ······························ 90
알로이놉시스속 ························· 124
알루아우디아속 ························· 151
알바 뷰티 ····························· 44
알부카속 ······························ 134
알비니카 ······························ 118
알비플로라 ····························· 90
알스토니 ······························ 150

알프레드	45
애염 무늬종	41
앵취설	149
야마토의 장미	61
야마토히메	60
야토	64
야트로파속	115
약록	68
에둘리스	143
에리오시케속	163
에메랄드 아이스	41
에멜리애	99
에보니 × 멕시컨 자이언트	44
에부르네움	137
에비스 웃음	136
에스더	53
에케베리아속	44
에키놉시스속	160
에키누스속	128
에피텔란타속	163
엘레강스	49
엘레강스 블루	49
엘렌베키	114
여춘옥	118
여황전	156
역인용	110
연심	81
염일산	35, 40
영락	42
오드리	96
오로스타키스속	77
오르니토갈룸속	134
오르베아속	138
오르페니	124
오리온	54
오베사	112
오색만대	132
오세인	54
오스쿨라리아속	126
오중탑	106
오카후이	132
오쿨라타	139, 141
오텀 플레임	45
오토나속	147
오팔리나	72
오페르쿨리카리아속	150
오푼티아속	165
옥녹	106
옥련	80
옥로	98
옥린보	110
옥언	121
옥엽	82
옥옹	157
옥재	105
온슬로	54
올라소니	103
올리비아	54
옹콩클라다	109
옹콩클라다(철화)	109
옻나무과	150
와우	94
왕궁전	121
왕비뇌신 무늬종	132
왕비능금	90
왕비신도	69
용설란	130
용설란과	130
용수과	151
우비포르메	122
우비포르메 힐리	123
우월	121
움브라티콜라	107
웅동자	30, 77
워코마히	133
워터 릴리	60
월세계	163
월영(에케베리아속)	49
월영(하워르티아속)	106
월토이	64
월화미인 무늬종	85
위미	99
위테베르겐세	121
유리전	101
유리전 무늬종	101
유리탑	110
유포르비아 마우리타니카	112
유포르비아속	109
육조만년초	79
은배	67
은수구	157
은오모자	165
은옹옥	163
은월	31, 145
은전	68
은천녀	75
을녀심	35, 81
을희	67
이그조틱	49
이스멘시스	131
이오난타	155
인두라타	129
인디언 클럽	42
인시그니플로라	139, 140
일렌펠드티아속	124
일련배	62
일륜옥	116

ㅈ

자갈부귀옥	117
자갈자훈	118
자금성	105
자라고사 하이브리드	48
자문룡	114
자보 무늬종	94
자이언트 래빗	65
자이언트 블루	50
자이언트 블루(철화)	50
자일로칸타	133
자일산	53
자전	98
자제옥	125
자지련화	34, 77
자취	104
자취오우옥 무늬종	162
자화축전	122
자황	102
잭슨즈 제이드	116
저몽	53
정고	105
정교전	160
정야	48
정야철	84
제가라이	159
제미니플로라	131
제브리나	139, 141
제옥	125
제왕금	92
제트 비즈	83
조안 다니엘	51
조을녀	126
조파 무늬종	129
주련	62
주순옥	118
주자왕	123
주피터	52
준시폴리아	155
쥐손이풀과	148
지에스브레티	131
직녀	53
짐노칼리시움	159
징강	59

ㅊ

차이나드레스	97
창각전	135
창룡탑	111
천녀영	127
천녀운	124
천사의 눈물	82
천수각	93

천진 오브투사 …… 98
천탑 …… 66
천탑 무늬종 …… 66
철갑환 …… 109
청솔 …… 79
청쇄룡 …… 68
청옥 …… 79
청자탑 …… 108
체리 퀸 …… 46
초베리바 …… 99
초연 …… 71
초연(철화) …… 71
초콜릿 볼 …… 80
초콜릿 솔저 …… 65
초콜릿 팁 …… 40
축연 무늬종 …… 106
축옥 …… 164
축전 …… 122
춘뢰 X 오로라 …… 101
춘봉 …… 111
취관옥 …… 162
취상 …… 133
취황관 …… 159
치아기린 …… 113
칠보수 …… 145
칠복신 …… 58

ㅋ

카랄루마속 …… 143
카르메나이 …… 156
카메론 블루 …… 132
카멜레온 무늬종 …… 81
카우다타 …… 138
카우티콜라 …… 88
카퍼 케틀 …… 41
카푸트 메두사 …… 154
카피르드리프텐시스 …… 104
카피타타(알로에속) …… 91
카피타타(틸란드시아속) …… 154
칵티페스 …… 137
칼랑코에속 …… 62
캄파눌라타 …… 76
캐니 히니 …… 79
캐리비안 크루즈 …… 46
캐시미어바이올렛 …… 40
캑터스빌 …… 152
케르초베이 후아주아판 레드 …… 132
케셀의 장미 …… 52
코노피툼 플라붐 노비시움 …… 120
코노피툼속 …… 120
코라트 스타 …… 141
코라트 크림슨 …… 139, 141
코랄 카펫 …… 79
코렉타 × 스프링 …… 101

코르다타 …… 67
코오페리 …… 42
코오페리(유포르비아속) …… 110
코오페리(크라슐라속) …… 67
코튼 캔디 …… 155
코틸레돈속 …… 76
콜루멜라 …… 152
콜비 …… 155
쿠마라속 …… 93
쿠스피다타 …… 48
큐빅 …… 132
큐빅 프로스트 …… 48
큐빅 프로스트(철화) …… 48
크라슐라 무스코사 …… 68
크라슐라 오비쿨라리스 …… 68
크라슐라 푸베스켄스 …… 69
크라슐라속 …… 66
크라시시무스 …… 145
크레눌라타 …… 139, 143
크렘노세둠속 …… 73
크로마 …… 47
크로커다일 …… 73
크리산타 …… 89
크리스마스 이브 …… 47
크리스타투스 …… 42
크리스탈 랜드 …… 47
크리시하마타 …… 145
크림슨 타이드 …… 46
클라라 …… 47
클라바타 …… 67
클라바툼 …… 79
클라비폴리아 …… 147
클라우드 …… 47
클라우드(석화) …… 47
클레이니아 …… 146
키미키오도라 …… 144

ㅌ

타이거 피그 …… 107
탄자니아 레드 …… 114
탑레드 …… 118
태백환 …… 161
테누이플로루스 …… 125
테프로칵투스속 …… 161
텔로칵투스속 …… 161
투르비니카르푸스 …… 160
트라이컬러 …… 155
트루기다 …… 60
트룬카타 …… 98
트리기누스 …… 43
트리코디아데마속 …… 128
티타노타 …… 133
티타놉시스속 …… 127
티투반스 무늬종 …… 72

티피 …… 59
틸란드시아속 …… 154
틸레코돈속 …… 88
팅커벨 …… 77

ㅍ

파니쿨라타 …… 139, 142
파라독사 …… 102
파로디아속 …… 164
파르바 …… 105
파비올라 …… 49
파스텔 …… 70
파시쿨라타 …… 155
파이어 립스 …… 50
파이어 버드 …… 91
파이어 필러 …… 50
파인애플과 …… 153, 154
파키베리아속 …… 75
파키포디움속 …… 136
파키푸스 …… 150
파키피툼 콤팩툼 …… 85
파키피툼속 …… 85
파테르소니 …… 148
판다 래빗 …… 65
팔리둠 …… 81
팔천대 …… 79
팡 …… 62
퍼시픽 나이트 …… 86
퍼플 드림 …… 72
퍼플 프린세스 …… 56
퍼플렉사 …… 162
펄 폰 뉘른베르크 …… 55
페딜란투스속 …… 115
페로칵투스속 …… 164
페록스 …… 91
페블스 …… 75
페아르소니 …… 121
페퍼민트 …… 77
페페로미아속 …… 152
펠루시둠 3㎞ 콩코르디아 …… 122
펠루시둠 네오할리 …… 122
포에티다 …… 150
포엘니치아속 …… 108
포월 …… 146
포이소니 …… 113
포케아속 …… 143
포타토룸 …… 132
포토시나 …… 49
폴리고나 …… 113
폴리필라 …… 89
표문 …… 135
푸르카타 …… 147
푸르푸레아 …… 80
푸밀라 × 바카타 …… 103

푸질리어 ·············· 86
무크시 ·············· 155
풀리도니스 ·············· 55
풀리도니스 ·············· 55
풀크라(가스테리아속) ·············· 95
풀크라(프리티아속) ·············· 129
풍크툴라타 ·············· 69
프로스트 슈가 ·············· 161
프로스티 ·············· 56
프루이노사 ·············· 69
프리즘 ·············· 55
프리토리아 ·············· 55
프리티아속 ·············· 129
프린세스 드레스 ·············· 103
프세우도바일레이 ·············· 155
프세우돌리토스속 ·············· 143
플라밍고 ·············· 91
플라붐 ·············· 120
플라티필라 ·············· 89
플랏바키즈 ·············· 122
플레이오스필로스속 ·············· 125
플로리아노폴리스 ·············· 147
플로우 ·············· 94
플뢰르 블랑 ·············· 50
플리카틸리스 ·············· 93
피그마이아 ·············· 103
피그마이아 슈퍼 화이트 ·············· 103
피시포르메 ·············· 120
피오나 ·············· 50
피오리수 ·············· 55
피치 걸 ·············· 75
피치 프라이드 ·············· 54
피치몬드 ·············· 54
피치스 앤 크림 ·············· 54
피코 ·············· 157
픽시 ·············· 55
픽타 ·············· 33, 103, 108
픽타 클레오파트라 × 뫼비우스 ········ 103

필레아속 ·············· 152
필로볼루스속 ·············· 125
필로카르파 ·············· 161
필리카울리스 ·············· 43
필리페라 ·············· 98
핑크 블러시 ·············· 92
핑크 아이 ·············· 139, 141
핑크 자라고사 ·············· 48
핑크 프리티 ·············· 72
핑클 루비 ·············· 71

ㅎ

하르빈게리 ·············· 61
하리시 ·············· 155
하워르티아속 ·············· 33, 96
학성 ·············· 107
한조소 ·············· 49
헤라클레스 ·············· 51
헤레안투스 ·············· 121
헤레이 레드 도리안 ·············· 43
헤르난데지 ·············· 157
혁려 ·············· 67
협죽도과 ·········· 136~138, 140~144
혜모환 ·············· 165
호롬벤세 ·············· 137
호리다 ·············· 111
홍엽제 ·············· 68
홍옥 ·············· 82
홍창옥 ·············· 117
홍채각(석화) ·············· 110
홍화장 ·············· 60
홍훈화 ·············· 87
홍희 ·············· 71
화경 ·············· 107
화상부련 ·············· 51
화성인 ·············· 143
화월 무늬종 ·············· 69

화월야 ·············· 51
화이트 고스트 ·············· 111
화이트 고스트 ·············· 60
화이트 샴페인 ·············· 60
화이트 스파이더 ·············· 101
화이트스톤 크롭 ·············· 84
화제 ·············· 66
화제광 ·············· 66
환엽송록 ·············· 81
환탑 ·············· 106
황금상아단선 ·············· 165
황금월토이 ·············· 64
황금춘봉 ·············· 111
황려 ·············· 78
황미문옥 ·············· 116
황홀한 연꽃 × 베이비 핑거 ·············· 55
황홀한 연꽃 ·············· 29, 55
후밀리스 ·············· 51
후밀리스(알로에속) ·············· 92
후밀리스(알부카속) ·············· 134
후에르니아속 ·············· 140
후추과 ·············· 152
훗쿠라 ·············· 76
흑법사 ·············· 40
희기린 ·············· 113
희명경 ·············· 41
희성 ·············· 70
희성미인 ·············· 79
희세 ·············· 81
희옥 ·············· 79
희황금화월 ·············· 68
히스피둠 ·············· 134
히슬로피 ·············· 139, 140
히알리나 ·············· 51
히카루 오브투사 ·············· 97
힌토니 ·············· 80
힐레브란티 ·············· 79
힐로텔레피움속(꿩의비름속) ·············· 88

감수_ 다나베 쇼이치

1949년 출생. 가나가와현 가와사키시에 있는 다육식물 전문점「다나베 플라워」오너. 평소에도 600종이 넘는 다양한 상품을 취급한다. 판매상품용 하우스 외에 육성용 하우스도 견학이 가능하여 많은 다육식물 팬에게 사랑받는 인기 전문점이다. 이전에는 시장용으로 화단 모종을 생산, 판매했지만 2010년 들어 소년 시절부터 좋아했던 선인장, 다육식물을 취급하는 다육식물 전문 생산, 직매로 전환하여 현재에 이르렀다. 재배의 기본인 흙에 있어서는 개량을 거듭하여 거의 완성 단계에 있지만, 한층 더 개량할 방법을 연구 중이다. 다육식물 초보자부터 상급자까지 누가 와도 키우고 싶은 것이 있는 가게를 목표로 하고 있다.

옮긴이_ 박유미

소통하는 글로 저자와 독자 사이의 편안한 징검다리가 되고 싶은 번역가. 영남대학교 식품영양학과 졸업 후 방송통신대학에서 일본학을 공부하며 번역 에이전시 엔터스코리아 출판기획 및 일본어 전문 번역가로 활동하고 있다. 주요 역서로『한 권으로 끝내는 다육식물 백과사전』,『다육식물 재배노트』,『핸드메이드 천연비누』,『우리 몸에 좋은 말린 식품 대사전』외 다수가 있다.

모아심기 제작 마루야마 미카(p.8~11, p.38~39) / 다나베 플라워(p.12~16)
협력 아츠미 원예 / 미야자키 츠토무 <PRICK GARDEN CACTUS Miyazaki> / design & crafts POTS / moG Design
STAFF 편집·구성_ 오자와 에이코 <GARDEN> / 사진_ 아마노 노리히토(일본문예사) / 글_ 오이즈미 요코 / 편집협력_ 오이즈미 마유코 /
일러스트_ 치하라 사쿠라코 / 디자인_ 하라조 레이코 디자인실

다육식물 715 사전

펴낸이 ǀ 유재영	기 획 ǀ 이화진
펴낸곳 ǀ 그린홈	편 집 ǀ 이준혁
감 수 ǀ 다나베 쇼이치	디자인 ǀ 임수미
옮긴이 ǀ 박유미	

1판 1쇄 ǀ 2022년 4월 10일
1판 2쇄 ǀ 2024년 1월 29일

출판등록 ǀ 1987년 11월 27일 제10-149
주   소 ǀ 04083 서울 마포구 토정로 53(합정동)
전   화 ǀ 324-6130, 324-6131 · 팩스 ǀ 324-6135
E-메일 ǀ dhsbook@hanmail.net
홈페이지 ǀ www.donghaksa.co.kr, www.green-home.co.kr
페이스북 ǀ www.facebook.com/greenhomecook

ISBN 978-89-7190-821-1 13520